D1751092

Link
Messen, Steuern und Regeln mit PCs

Wolfgang Link

Messen, Steuern und Regeln mit PCs

Praxis der rechnergesteuerten Automatisierung

Mit 147 Abbildungen und 8 Tabellen
3., verbesserte Auflage

Franzis'

Die Deutsche Bibliothek – CIP-Einheitsaufnahme

Link, Wolfgang:
Messen, Steuern und Regeln mit PC s : Praxis der
rechnergesteuerten Automatisierung ; mit 8 Tabellen /
Wolfgang Link. - 3., verb. Aufl. - München : Franzis, 1992
  ISBN 3-7723-6096-3

© 1992 Franzis-Verlag GmbH & Co. KG, München

Sämtliche Rechte – besonders das Übersetzungsrecht – an Text und Bildern vorbehalten. Fotomechanische Vervielfältigungen nur mit Genehmigung des Verlages. Jeder Nachdruck, auch auszugsweise und jede Wiedergabe der Abbildungen, auch in verändertem Zustand, sind verboten.

Satz: Franzis-Druck GmbH, München
Druck: Offsetdruckerei Heinzelmann, München
Printed in Germany · Imprimé en Allemagne

ISBN 3-7723-6096-3

Vorwort

Sie halten ein Buch in Händen, das dem Amateur den Zugang zur Meß-, Steuer- und Regeltechnik ermöglicht. Es erschließt ihm einen weiteren Anwendungsbereich für den eigenen Personalcomputer.

Dieses Buch stellt die Problemlösungen weitgehend programmiersprachenunabhängig dar. Jedoch wird vorausgesetzt, daß der Leser eine Programmiersprache beherrscht. Die Problemabläufe werden in leicht verständlichem Pseudo-Code beschrieben, einer Darstellungsart, die in der kommerziellen Programmierung zunehmend an Bedeutung gewinnt, und sind so leicht in eine der gängigen Programmiersprachen umzusetzen. Lediglich bei den Assemblerprogrammen wird die derzeit meistverwendete Prozessorfamilie $80 \times 86/88$ von Intel zugrundegelegt.

Es werden bewußt nur Einzelschaltungen geboten, um dem Anfänger einen leichten Einstieg in das Gebiet der computerautomatisierten Meß-, Steuer- und Regeltechnik zu geben. Die Zusammenschaltung mehrerer Meßschaltungen zu einem automatisierten Meßplatz bzw. mehrerer Steuerkomponenten zu einem komplexen System dürfte dann nicht mehr allzu schwerfallen.

Wolfgang Link, Paderborn

Wichtiger Hinweis

Die in diesem Buch wiedergegebenen Schaltungen und Verfahren werden ohne Rücksicht auf die Patentlage mitgeteilt. Sie sind ausschließlich für Amateur- und Lehrzwecke bestimmt und dürfen nicht gewerblich genutzt werden*).
Alle Schaltungen und technischen Angaben in diesem Buch wurden vom Autor mit größter Sorgfalt erarbeitet bzw. zusammengestellt und unter Einschaltung wirksamer Kontrollmaßnahmen reproduziert. Trotzdem sind Fehler nicht ganz auszuschließen. Der Verlag und der Autor sehen sich deshalb gezwungen, darauf hinzuweisen, daß sie weder eine Garantie noch die juristische Verantwortung oder irgendeine Haftung für Folgen, die auf fehlerhafte Angaben zurückgehen, übernehmen können. Für die Mitteilung eventueller Fehler sind Autor und Verlag jederzeit dankbar.

---

*) Bei gewerblicher Nutzung ist vorher die Genehmigung des möglichen Lizenzinhabers einzuholen.

Inhalt

1	**Grundlagen der Meß-, Steuer- und Regeltechnik mit PC**	9
1.1	Sensoren	9
1.2	Wandler	12
1.2.1	A/D-Wandler	12
1.2.2	Sample-and-Hold-Verstärker	17
1.2.3	U/f-Wandler	18
1.2.4	D/A-Wandler	19
1.3	Echtzeit-Speicherbetrieb	19
1.4	Linearisierung von Kennlinien	20
1.5	Ersatz von Hardware durch Software	23
1.5.1	Vor- und Nachteile von Software-Lösungen	24
1.5.2	Anwendungsbeispiele	25
1.6	Programmiertechnische Grundlagen	29
1.6.1	Bitmaskierung	31
1.6.2	Bitmanipulation	32
1.7	Programmiersprachen	33
1.7.1	Pseudo-Code	33
1.7.2	Einbindung von Assemblerprogrammen in Hochsprachenprogramme . .	38
1.7.3	Software-Erweiterungen	51
2	**Interface**	52
2.1	Einführung	52
2.2	Der IEC-625-Bus	53
2.3	Die V.24-Schnittstelle	60
2.4	Die Centronics-Parallelschnittstelle	68
2.5	Spezialinterface	72
3	**Messen mit PCs**	82
3.1	Einführung	82
3.2	Messen langsam veränderlicher Größen	88
3.2.1	Spannungsmessung	88
3.2.2	Strommessung	91
3.2.3	Amplitudenmessung	94
3.2.4	Magnetfeldmessung	96
3.2.5	Temperaturmessung	99
3.2.6	Messung der Beleuchtungsstärke	103
3.2.7	Kraftmessung	106
3.2.8	Drehzahlmessung	110

Inhalt

3.3	Messen schnell veränderlicher Größen	114
3.3.1	Messung der Pulsdauer	115
3.3.2	Messung der Periodendauer	118
3.3.3	Frequenzmessung	119

4	**Steuern mit PCs**	**126**
4.1	Einführung	126
4.2	Gleichstrommotor-Steuerung	129
4.3	Schrittmotor-Steuerung	131
4.4	Programmierbares Netzgerät	136
4.5	Programmierbare Konstantstromquelle	139
4.6	Steuern des Puls-Pause-Verhältnisses	141
4.7	Programmierbarer Sinusgenerator	145
4.8	Programmierbarer Rechteckgenerator	148

5	**Regeln mit PCs**	**152**
5.1	Grundbegriffe der Regeltechnik	152
5.2	Temperaturregelung	161
5.3	Drehzahlregelung	163
5.4	Helligkeitsregelung	169

6	**Automatisiertes Messen mit PCs**	**173**
6.1	U/I-Kennlinie	173

7	**Testen**	**176**

8	**Störungen (EMI)**	**178**
8.1	Einführung	178
8.2	Grundprinzip der Störsignalausbreitung	179
8.3	Störsignalarten und Störungsursachen	179
8.4	Beseitigung von Störungen	182

Sachverzeichnis 190

1 Grundlagen der Meß-, Steuer- und Regeltechnik mit PC

Abb. 1 zeigt die Prinzipschaltung einer digitalen Regelung. Sie enthält Komponenten der Meßtechnik: Sensor, Verstärker und A/D-Wandler und solche der Steuerungstechnik: D/A-Wandler und Verstärker. Außerdem ist in beiden Fällen eine Schnittstelle zum Computer vorhanden. Auf die theoretischen Grundlagen der einzelnen Komponenten und auf allgemeine Probleme der digitalen Regeltechnik soll hier vorab eingegangen werden.

1.1 Sensoren

Das Hauptproblem der elektronischen Meß- und Regeltechnik besteht darin, die jeweils zu messende physikalische Größe (z. B. Temperatur, Kraft, Drehzahl) in eine proportionale elektrische Größe umzuwandeln. Wandler, die dies bewirken, werden heute allgemein als Sensoren bezeichnet. In diese Bauelementegruppe fallen einfache Meßfühler, aber auch solche mit nachgeschalteter Elektronik zur Signalaufbereitung (z. B. Verstärkung, Temperaturkompensation, Linearisierung). Darunter fallen aber auch Bauelemente, die das Vorhandensein bzw. die Konzentration von gasförmigen Stoffen oder die Luftfeuchtigkeit anzeigen. Die Sensoren sollen folgende Qualitätsmerkmale erfüllen:

- Linearität
  Die Umwandlung soll streng proportional erfolgen, die Wandlerkennlinie muß also linear sein.

- Temperaturstabilität
  Das Ausgangssignal des Wandlers sollte – mit Ausnahme beim Tempera-

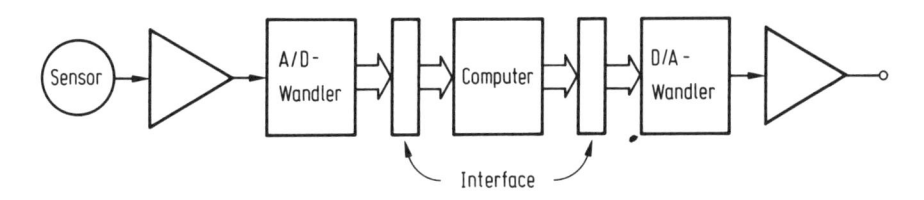

Abb. 1 Prinzipieller Aufbau eines digitalen Regelkreises

turfühler – unabhängig von der Temperatur der Umgebung, in der er arbeitet, sein.

- Empfindlichkeit
  Die Empfindlichkeit des Sensors muß so gewählt werden, daß der zu wandelnde Bereich der Eingangsgröße eine ausreichend große Änderung der elektrischen Spannung am Ausgang hervorruft.

- Ansprechzeit
  Ist die Zeit, die ab einer sprungartigen Änderung der Eingangsgröße bis zur Änderung des Ausgangssignals des Sensors vergeht. Der Sensor sollte schneller auf eine Änderung der Eingangsgröße reagieren, als diese sich in der Umgebung ändert, in der der Sensor zum Einsatz kommen soll.

- Obere und untere Grenzfrequenz
  Darunter versteht man die unterste bzw. oberste Frequenz eines periodisch sich ändernden Eingangssignals, bei der der Sensor noch eine innerhalb des erlaubten Meßfehlerbereichs korrekte Wandlung vornimmt. Für die meisten Anwendungen wird eine untere Grenzfrequenz von 0 Hz gefordert.

- Langzeitstabilität
  Ein Sensor sollte auch über lange Zeit hinweg bei gleichem Eingangssignal das gleiche entsprechende Ausgangssignal liefern. Leider „altern" viele elektronische Bauelemente. Eine besondere Art der Instabilität tritt vor allem bei Dehnmeßstreifen auf: das Kriechen. Es zeigt sich darin, daß am Meßfühler bei gleichbleibender Krafteinwirkung eine zeitabhängige Veränderung des Ausgangssignals auftritt.

- Hysterese
  Leider kann die von der Magnetisierung vom Eisen her bekannte Hysterese-Kurve auch bei Sensoren auftreten. Zum Beispiel kann ein Sensor bei der gleichen Temperatur verschiedene Ausgangsspannungen liefern, je nachdem, ob man sich gerade in einem Zyklus zunehmender oder abnehmender Temperatur befindet.

Die vier Merkmale: Linearität, Temperaturstabilität, Langzeitstabilität und Hysterese bilden die „Meßgenauigkeit" des Sensors.

Je nach dem physikalischen Effekt, der der Wandlung zugrunde liegt, ergeben sich spezielle Anwendungsschwerpunkte der verschiedenen Sensoren. In der folgenden Tabelle sind einige Wandlungsprinzipien und die physikalischen Größen aufgelistet, für die sich die entsprechenden Sensoren bevorzugt einsetzen lassen.

Physikalische Größe	Sensorprinzip					
	Hall-Effekt	piezo-resistiv	foto-elektr.	Dehn-meß-streifen	thermo-resistiv	induktiv
Elektr. Strom	X					
Magnet. Flußdichte	X					
Temperatur					X	
Helligkeit			X			
Kraft	X			X		X
Druck		X		X		
Lage	X		X			X
Geschwindigkeit	X		X			X
Beschleunigung	X		X			X
Drehzahl	X		X			X

Die nach dem Halleffekt arbeitenden Sensoren verwenden Hallelemente auf Halbleiterbasis, meist mit Konstantstromquelle und Verstärker in einem integrierten Baustein (in dieser Bauform auch als LOHET = Linear Output Hall Effect Transducer bezeichnet). Sie erzeugen eine Spannung proportional zur magnetischen Kraftflußdichte.

Piezoresistive Drucksensoren bestehen aus einem quadratischen Siliziumchip mit wenigen Quadratmillimetern Fläche, in das eine kreisförmige Druckmembran eingeätzt wurde. Auf ihr befindet sich eine ionen-implantierte Widerstandsbrücke, an der eine druckproportionale Spannung auftritt.

Fotoelektrische Sensoren bestehen aus rot- bzw. infrarotstrahlenden Leuchtdioden und Fotodioden bzw. -transistoren als Empfänger. Sie werden als Einweg- oder als Reflexions-Lichtschranke angeboten – teilweise mit Vorsatzlinsen zur Erkennung kleinster Objekte (Markierungen) bzw. zur Erhöhung der Reichweite.

Dehnmeßstreifen (DMS) – auch Dehnungsmeßstreifen genannt – bestehen aus einem Widerstandsmaterial (Metall- oder Halbleiterschicht), das auf einen elektrisch nichtleitenden Träger (meist Kunststoffolie) aufgebracht oder in ihn eingebettet ist. Ihr Widerstand ändert sich bei Dehnung des Streifens. Meist werden vier Widerstandselemente in Brückenanordnung auf die Folie aufgebracht. Die Brücke liefert, wenn sie mit einer stabilisierten

1 Grundlagen

Spannungsquelle verbunden ist, eine zur Dehnung der Folie proportionale Ausgangsspannung. Die Meßgrößen (z. B. Kraft) wirken auf Federkörper aus Stahl, Alu oder Kupfer-Beryllium, auf denen die DMS aufgebracht, meist geklebt sind. Beim Kleben sind Spezialkleber zu verwenden, da sonst das bereits obenerwähnte Kriechen des Ausgangssignals auftritt. Thermoresistive Sensoren nutzen die Eigenschaft, daß der ohmsche Widerstand temperaturabhängig ist. Sie verwenden Draht, Metallschicht oder Halbleiter als Widerstandsmaterial. Die beiden letzten Materialien werden bevorzugt bei Sensoren in IC-Form verwendet, wobei sich im IC auch noch Spannungsregler, Verstärker und Schaltungen zur Linearisierung befinden können.

Induktive Sensoren verwenden wirbelstrombedämpfte Oszillatoren, deren Feld in metallischen Gegenständen Wirbelströme induziert. Die Annäherung eines metallischen Gegenstandes bewirkt also eine Amplitudenänderung der Oszillatorspannung.

Die Sensortechnik befindet sich in einer stürmischen Aufwärts-Entwicklung. In diesem Buch können nur einige Sensoren vorgestellt werden. Aufgrund der angegebenen Kriterien kann der Leser für seine spezielle Aufgabenstellung aus der Vielzahl der angebotenen Typen die für ihn geeignetsten auswählen.

1.2 Wandler

1.2.1 A/D-Wandler

Analog-Digital-Wandler haben die Aufgabe, analoge Größen in digitale Größen – also in Bitmuster – umzusetzen. Solche Baugruppen heißen korrekterweise „Umsetzer". Da der Begriff A/D-„Wandler" aber allgemein gebraucht wird, wollen wir ihn hier auch verwenden.

Die Umsetzung kann auf verschiedene Arten geschehen, von denen die bekanntesten hier vorgestellt werden. Doch zunächst sollen einige Parameter betrachtet werden, die die Qualität eines A/D-Wandlers bestimmen:

- Quantisierungsfehler
- Nichtlinearität
- Fehlende Codes
- Wandlungszeit

Anhand von *Abb. 2* lassen sich die bei der Wandlung auftretenden Probleme leicht erläutern. Geht man zunächst von der idealen Kennlinie des hier

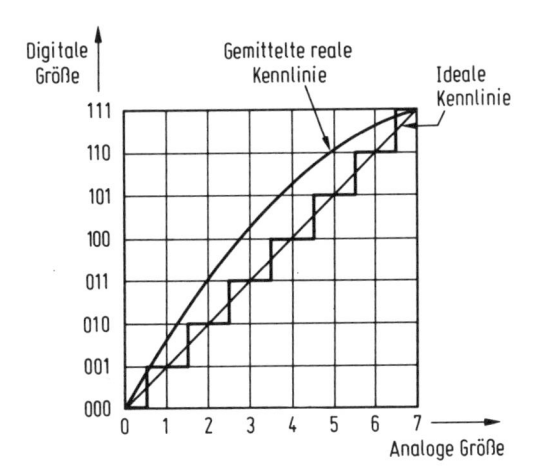

Abb. 2 Kennlinie eines A/D-Wandlers

zugrundegelegten 3-Bit-Wandlers aus, so verläuft diese treppenförmig entlang der idealen Wandlergeraden. Da der Wandler eine unendliche Vielfalt (ein Kontinuum) von Eingangswerten einer endlichen Zahl von diskreten Ausgangswerten (hier 8) zuordnen muß, entsteht ein Quantisierungsfehler, der betragsmäßig maximal die Hälfte einer Treppenstufe ausmacht. Da eine Treppenstufe dem niederwertigsten Bit (LSB) der Dualzahl entspricht, ist der Fehler ½ LSB. Diesen Fehler kann man dadurch verringern, daß man möglichst viele Dualstellen nimmt. Die Anzahl Dualstellen, die ein A/D-Wandler erzeugt, bezeichnet man als Auflösung. Hat der der Abbildung zugrundegelegte Wandler noch einen Quantisierungsfehler von $1/14$, also 7 %, so hat ein 10-Bit-Wandler nur noch einen maximalen Fehler von $1/2046$ oder 0,5 %.

Zu diesem systembedingten Fehler kommt noch der durch die Nichtlinearität der verwendeten Bauelemente bedingte Fehler, der zu der in Abb. 1.2 dargestellten Kennlinie (Idealisierte Verbindungslinie der Treppenstufenmitten) führt. Er wird von den Wandler-Herstellern als Nichtlinearität – in Vielfachen eines LSB oder in % – angegeben.

Gelegentlich treten bestimmte Bit-Kombinationen nicht auf, d. h. die entsprechende Treppenstufe wird übersprungen (*Abb. 3*). Man bezeichnet solche Kombinationen als fehlende Codes (engl. missing codes). Fehlende Codes treten nicht auf, wenn der Linearitätsfehler weniger als ±½ LSB beträgt.

Die Zeit, die ein A/D-Wandler benötigt, um die anliegende Spannung in das entsprechende Bitmuster umzuwandeln, bezeichnet man als Wandlungszeit (engl. Conversion-Time). Sie ist nur bei Wandlern, die nach dem

1 Grundlagen

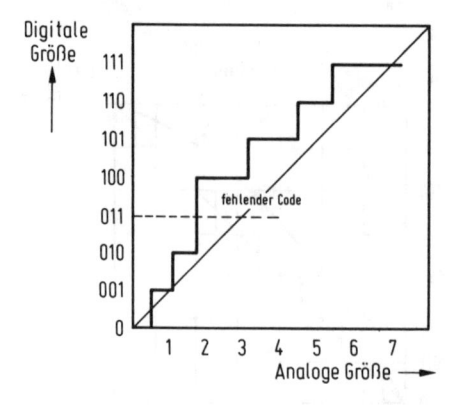

Abb. 3 A/D-Wandler mit fehlendem Code

Verfahren der sukzessiven Approximation arbeiten, unabhängig von der zu wandelnden Spannung.

Da in der Praxis alle zu messenden beziehungsweise zu regelnden Größen sich periodisch ändern, spielt diese Wandlungszeit eine entscheidende Rolle. Geht man davon aus, daß sich die analoge Größe während des Wandlungsvorgangs maximal um ½ LSB ändern darf, erhält man folgende Formel für die maximale Frequenz der analogen Größe:

fmax = $1/(2 \pi \cdot 2^n \cdot Tc)$

Dabei bedeuten: Tc = Wandlungszeit, n = Anzahl der Bit (Auflösung) des Wandlers.

Ein weiteres Problem ist der Fehler, der durch die Temperaturabhängigkeit der Wandler bedingt ist. Hauptquelle dieser Ungenauigkeit ist die von den Wandlern benutzte interne Referenzspannungsquelle. Manche Hersteller verwenden zur Erzeugung dieser Spannung einfache Z-Dioden, andere aufwendige Stabilisierschaltungen. Da viele Wandler den Anschluß einer externen Referenzspannung ermöglichen, kann man bei nicht ausreichender Temperaturstabilität des verwendeten Wandlers eine Spannungsreferenz anschließen (z. B. MAX672 oder MAX673 von Maxim).

Doch nun zu den oben bereits erwähnten, verschiedenen Umsetz-Verfahren bei A/D-Wandlern. Zur Zeit werden die folgenden Verfahren am meisten verwendet:

Integrierende Umsetzer
arbeiten nach dem Zwei-Rampen-Verfahren (Dual-Slope). Sie laden mit der zu messenden Spannung eine feste Zeit lang einen Kondensator auf, der

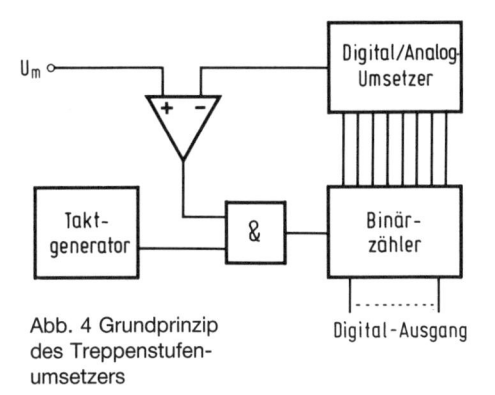

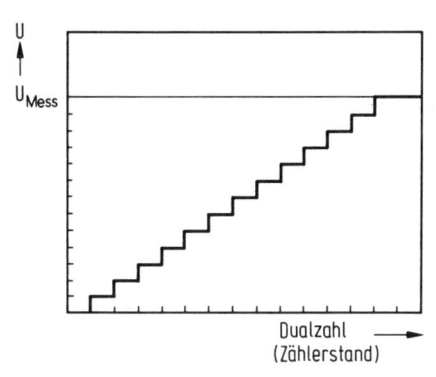

Abb. 4 Grundprinzip des Treppenstufenumsetzers

Abb. 5 Wirkungsweise der Zählmethode

dann anschließend mit einer Referenzspannung entgegengesetzter Polarität entladen wird. Die zum Entladen benötigte Zeit wird digital gemessen; sie ist proportional zu der zu messenden Spannung.

Diese Umsetzer sind die langsamsten (größer 20 ms Umsetzzeit), sie haben jedoch eine hohe Auflösung (bis ca. 16 Bit) und damit eine hohe Genauigkeit. Ihr entscheidender Vorteil ist die Unterdrückung hochfrequenter Störsignale (Störsicherheit!).

Durch geschickte Wahl der Integrationszeit (20 ms oder Vielfache davon) läßt sich zudem die in den meisten Schaltungen als Störspannung auftretende Netzfrequenz von 50 Hz unterdrücken.

Treppenstufenumsetzer
bestehen aus einem n-Bit-Register, an das ein digital-analog-wandelndes Widerstands-Netzwerk angeschlossen ist, einem Komparator und einem Taktgenerator (*Abb. 4*).

Das Register wird als Binärzähler betrieben; so entsteht am Ausgang des Netzwerks eine treppenförmige Spannung. Der Zählvorgang wird abgebrochen, sobald der Komparator Übereinstimmung von Treppenspannung und zu messender Spannung meldet (*Abb. 5*). Der Zählerstand ist der auszugebende Digitalwert. Wandler dieser Art wandeln z. B. 8 Bit in max. 1 ms. Da der Zählvorgang immer von Null beginnend durchgeführt wird, hängt die Wandlungszeit von der Spannungshöhe ab!

Umsetzer mit sukzessiver Approximation
Beim Wandler, der nach der Methode der sukzessiven Approximation arbeitet (*Abb. 6*), setzt die Steuerlogik zuerst das höchstwertige Bit (MSB)

1 Grundlagen

Abb. 6 Methode der sukzessiven Approximation

Abb. 7 Wirkungsweise der sukzessiven Approximation

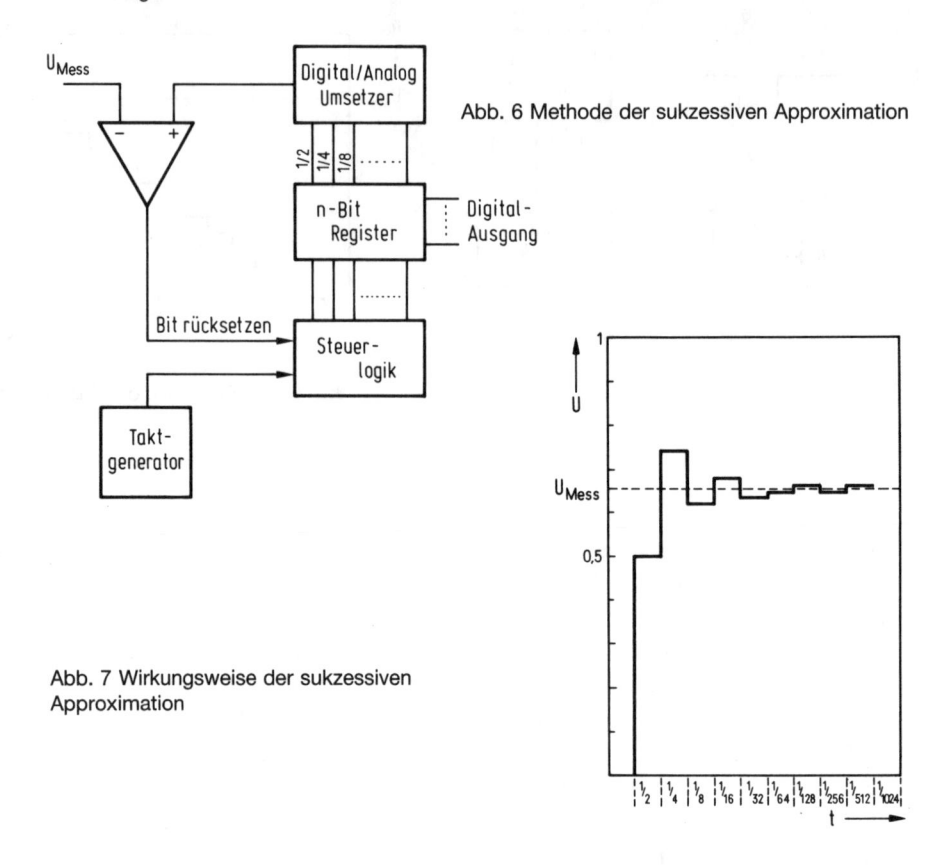

des Registers. Ist die Spannung des Wandlers höher als die zu messende Spannung, wird es wieder zurückgesetzt. Auf diese Weise werden alle weiteren Bit bis zum niederwertigsten getestet – pro Taktimpuls ein Bit (*Abb. 7*). Typische Umsetzer dieser Art wandeln 8–12 Bit in 10 bis 50 μs. Die Wandlungszeit ist hier unabhängig von der zu messenden Spannung. Umsetzer dieser Art sind heute vorwiegend anzutreffen, wenn mittlere Wandlungsgeschwindigkeiten benötigt werden.

Parallel-Umsetzer,
auch Flash-Umsetzer genannt, sind die derzeit schnellsten Umsetzer mit Wandlungszeiten von 1 μs bis in den 10-ns-Bereich (*Abb. 8*). Sie verwenden pro Dualzahl einen Komparator – bei 8 Bit also 255! Die Steuerlogik erkennt bis zu welchem Komparator die zu messende Spannung größer ist als die Vergleichsspannung und erzeugt daraus das digitale Ausgangssignal.

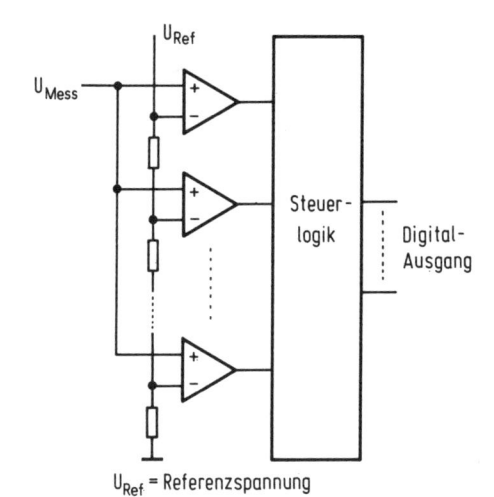

Abb. 8 Prinzip des Parallel-Umsetzers

U_{Ref} = Referenzspannung

Wegen des hohen schaltungstechnischen Aufwands werden diese Wandler nur bis 9 Bit Wortlänge eingesetzt. Für höhere Auflösung (bis 12 Bit) werden auch Umsetzer angeboten, die das Parallelverfahren mit dem der sukzessiven Approximation kombinieren. Sie werden auch als Kaskadenumsetzer bezeichnet.

1.2.2 Sample-and-Hold-Verstärker

Diese Bauelemente – die deutsche Bezeichnung „Abtast- und Halte-Schaltung" wird kaum verwendet – werden bei den Schaltungsbeispielen dieses Buches nicht eingesetzt, sie sollen jedoch den Lesern, die mit höherfrequenten Signalen arbeiten wollen, kurz vorgestellt werden.

Weiter oben wurde darauf hingewiesen, daß sich die zu messende Spannung während der Umsetzzeit nur um ½ LSB ändern darf, wenn man auf exakte Ergebnisse Wert legt. Besonders die Umsetzer, die mit sukzessiver Approximation arbeiten, sind auf gleichbleibende Spannungen während der Umsetzzeit angewiesen. Führt man mit der angegebenen Formel (S. 14) einmal einige Beispielrechnungen durch, so sieht man, daß sich bei Wandlern mit hoher Auflösung nur niederfrequente Signale verarbeiten lassen. Möchte man diese rechnerische Grenze überschreiten, muß man die umzusetzenden Spannungswerte zwischenspeichern. Dafür dienen Sample-and-Hold-Schaltungen (*Abb. 9*). Die wichtigsten Kenngrößen eines solchen Bausteins sind:

1 Grundlagen

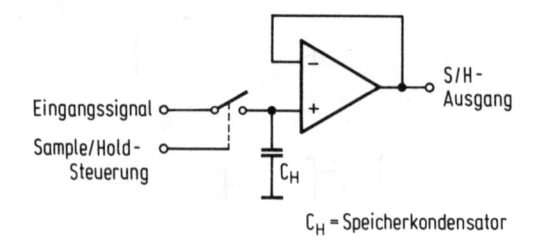

Abb. 9 Prinzipschaltung eines Sample-and-Hold-Verstärkers

- **Einstellzeit**
  Das ist die Zeit, die vom Anlegen des Haltebefehls bis zu dem Augenblick vergeht, an dem der Ausgang des Bausteins auf den korrekten Wert eingeschwungen ist.

- **Aperturzeit**
  ist die Zeit, die vom Anlegen des Haltebefehls bis zum Öffnen des Schalters S (*Abb. 9*) vergeht. Bei einem sich schnell ändernden Eingangssignal führt diese Zeit zu einer fehlerhaften Ausgangsspannung.
  Verwendet man Sample-and-Hold-Verstärker, so muß man in der oben angegebenen Formel für Tc die Aperturzeit einsetzen!

1.2.3 U/f-Wandler

Spannungs-Frequenz-Wandler wandeln, wie ihr Name sagt, die zu messende Spannung in eine proportionale Frequenz um. Ihr Ausgangssignal ist also nicht unmittelbar von einem Computer zu verarbeiten. Um eine digitale Größe (Dualzahl) zu erhalten, muß man die erzeugte Frequenz digital messen. Diesem Nachteil stehen Vorteile gegenüber, die für den Einsatz dieses Wandlertyps bei bestimmten Anwendungen sprechen: U/f-Wandler (engl. VFC = voltage-to-frequency converter) haben, verglichen mit A/D-Wandlern, bei gleichem Aufwand eine größere Linearität. Daher lassen sich mit ihnen Systeme aufbauen, bei denen es nicht so sehr auf Geschwindigkeit, sondern auf Präzision ankommt.

Ein entscheidender Vorteil besteht darin, daß man ihr Ausgangssignal direkt über lange Koaxialleitungen übertragen kann. Da die übertragene Information in der Frequenz enthalten ist, wirkt sich die bei langen Leitungen auftretende Amplitudendämpfung nicht fehlerhaft aus. Diese Art der Wandlung empfiehlt sich also immer dann, wenn die Sensoren weit vom Computer entfernt angebracht sind.

1.2.4 D/A-Wandler

Bei digitalen Steuerungen bzw. Regelungen muß die vom Computer ermittelte und somit in digitaler Form vorliegende Größe in die von dem zu steuernden Element (z. B. Motor, dessen Drehzahl gesteuert bzw. geregelt werden soll) benötigte analoge Größe umgewandelt werden. Hierzu dienen Digital-Analog-Wandler. Sie bestehen meist aus Widerstands-Netzwerken, in denen die einzelnen Bit des digitalen Eingangssignals in einen ihrer Wertigkeit entsprechenden Strom umgewandelt werden. Die Summe der Einzelströme fließt dann über einen Widerstand, der sie in eine proportionale Spannung umwandelt. *Abb. 10* zeigt eine vereinfachte Darstellung eines solchen Wandler-Netzwerkes.

Unter der Einschwingzeit (engl. settling time) versteht man die Zeit, die nach einer Änderung der digitalen Eingangsinformation vergeht, bis der Wandler auf ±½ LSB des analogen Endwerts eingeschwungen ist. Die derzeit angebotenen D/A-Wandler haben Einschwingzeiten in der Größenordnung von 100 ns bis 5 µs bei einer Auflösung von 8 bis 14 Bit.

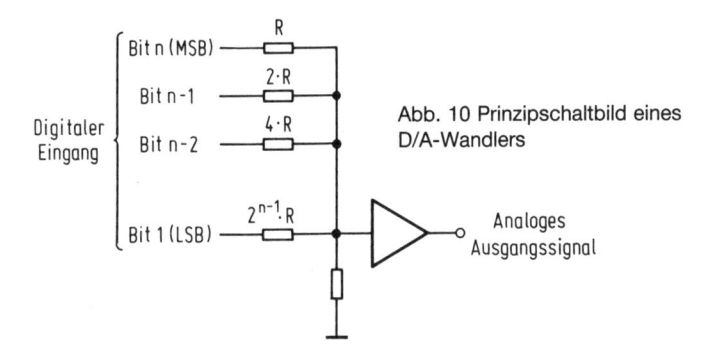

Abb. 10 Prinzipschaltbild eines D/A-Wandlers

1.3 Echtzeit-Speicherbetrieb

Anloge Meß- oder Regelschaltungen reagieren unmittelbar auf jede Änderung der Eingangsgröße. Da bei digitalen Steuerungen bzw. Regelungen ein A/D-Wandler zwischengeschaltet ist und dieser eine endliche Wandlungszeit hat und zudem die gewandelte Größe vom Computer noch verarbeitet werden muß, wird die Eingangsgröße nur noch in bestimmten Zeitintervallen abgefragt. Bei niederfrequenter Änderung der Eingangsgröße und nicht zu umfangreicher mathematischer Bearbeitung des eingelesenen Werts kann man bei der Schnelligkeit der heutigen PCs von Quasi-Echtzeitbetrieb (engl. Realtime processing) sprechen. Die Grenze liegt zur Zeit bei einigen Tausend Meßwerten pro Sekunde und Kanal, verschiebt sich jedoch mit zunehmender Verarbeitungsgeschwindigkeit der Mikroprozessoren weiter nach oben.

Nimmt jedoch die Anzahl der Kanäle, also der zu überwachenden Meßfühler zu oder muß die Abtastperiode sehr kurz sein, weil sich das zu überwachende Signal zu schnell ändert, so muß die Steuerung der Meßeinrichtung und eventuell die Zwischenspeicherung der Meßwerte extern erfolgen. Nach Abschluß der Messung oder zu bestimmten Zeitintervallen werden die Meßdaten dann zum Computer übertragen. Dieser kann dann nicht mehr zum Steuern oder Regeln verwendet werden, sondern nur noch zur Meßdatenerfassung und zeitversetzten Auswertung. Hierbei sind dann statistische Auswertungen und – eventuell farbige – grafische Darstellungen der Vorgänge bei der Meß-, Steuer- oder Regeleinrichtung möglich. Da dieses Buch sich nur mit der Echtzeit-Verarbeitung beschäftigt, wird darauf nicht weiter eingegangen – zumal es sich dabei nur um Softwareprobleme handelt.

1.4 Linearisierung von Kennlinien

Lineare Sensoren sind meist teuer, da sie die erforderlichen Linearisierungselemente bereits enthalten; nichtlineare Sensoren dagegen können vergleichsweise billig erstanden werden.

Wird die Meßwertverarbeitung per Computer vorgenommen, so kann man die fehlerhaften Meßwerte softwaremäßig korrigieren und so ausreichende Meßgenauigkeit erzielen. Ist der Verlauf der Sensorkennlinie als mathematische Funktion bekannt, kann der Rechner über die Funktionsgleichung direkt den korrekten Meßwert ausrechnen. Leider ist das nur selten der Fall. Als Ausweg bietet sich an, mit einer Korrekturtabelle zu arbeiten. Das soll am Beispiel eines Temperaturfühlers in Form eines NTC-Widerstands betrachtet werden, auch wenn dieses Beispiel nicht optimal ist, da es inzwischen preiswerte Halbleiter-Temperaturfühler mit ausreichender Linearität gibt. Bei manchen Anwendungsfällen stört jedoch die zusätzlich erforderliche Spannungsversorgungsleitung.

Zur Korrektur der eingelesenen Meßwerte muß zunächst eine Tabelle angelegt werden, die den Zusammenhang zwischen elektronisch gemessener Temperatur und Ist-Temperatur enthält. *Abb. 11* zeigt die Zusammenhänge zwischen Ist-Temperatur und gemessener Temperatur bei einem als sehr nichtlinear angenommenen Fühler. Eine solche Kurve kann man im konkreten Fall nach Aufbau einer Meßanordnung mit Hilfe eines üblichen Thermometers ermitteln oder aus der Kennlinie des Sensors ableiten. Besser ist

1.4 Linearisierung

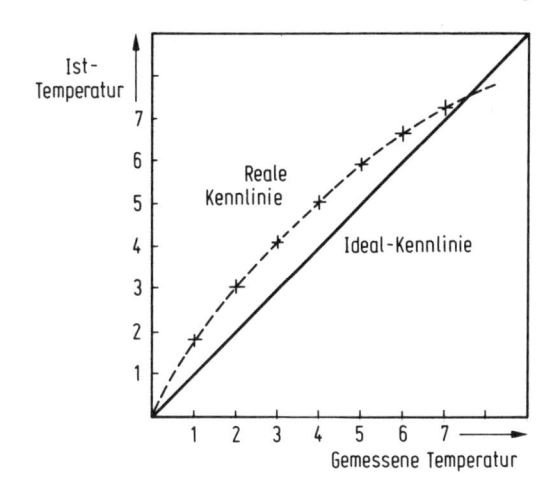

Abb. 11 Kennlinie eines nichtlinearen Sensors

natürlich die erste Vorgehensweise, weil sie auch die Nichtlinearitäten des Wandlers berücksichtigt, wodurch diese mitkorrigiert werden können. Um die Vorgehensweise zu verdeutlichen, werden die Meßergebnisse aus Abb. 11 in eine Tabelle übertragen:

Elektronisch gemessene Temperatur	Ist-Temperatur (mit Thermometer gemessen)
0	0
1	2
2	3
3	4
4	5
5	6
6	7
7	7
.	.
.	.

Man speichert nun diese Tabelle als eindimensionales Feld ab. Das bedeutet in Assembler: Die gemessene Temperatur ist die (Relativ-)Adresse eines Speicherplatzes, in dem der richtige Temperaturwert abgespeichert ist. In

1 Grundlagen

einer problemorientierten Sprache ist die gemessene Temperatur der Index eines Feldelements, das die Ist-Temperatur enthält. Damit ergibt sich das folgende eindimensionale Feld:

in BASIC-Schreibweise:
T(0) = 0
T(1) = 2
T(2) = 3
T(3) = 4
⋮

in PASCAL-Schreibweise:
T[0] := 0
T[1] := 2
T[2] := 3
T[3] := 4
⋮

Wenn die Temperatur auf Kanal X eingelesen wird, verwendet man folgende einfache Programm-Sequenz:

in BASIC:
I = INP (4)
TEMP = T(I)

in PASCAL:
I := PORT[X];
TEMP := T[I];

Abb. 12 Interpolation zwischen Meßwerten

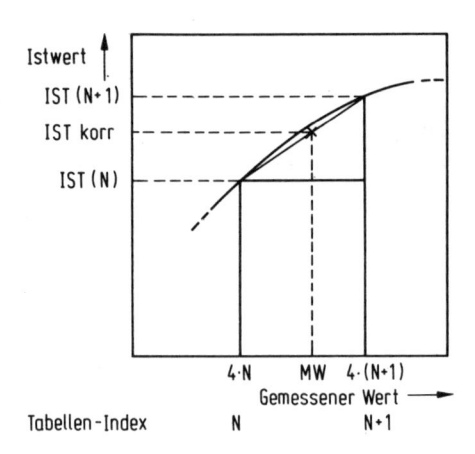

Wird z. B. 3 als Temperatur eingelesen, findet der Computer unter T(3) die richtige Temperatur, hier: 4 Grad.

Das Anlegen einer Korrekturtabelle ist bei 8-Bit-Umsetzern mit 256 möglichen Tabellenwerten noch gerade machbar, wenn auch etwas mühsam. Bei Umsetzern mit höherer Auflösung ist dieses Verfahren kaum noch vertretbar. Wenn die Kennlinie nicht allzu stark von der Idealform abweicht, kann man ein etwas modifiziertes Tabellenverfahren verwenden: Es wird nur noch jeder zweite oder vierte Wert gespeichert und die Zwischenwerte werden vom Rechner durch Interpolation gewonnen. Anhand von *Abb. 12* kann man die folgende Interpolations-Formel – für den Fall, daß jeder 4. Wert abgespeichert wird, ableiten:

$$ISTkorr = IST(N) + (IST(N+1) - IST(N))/4 * (MW - 4 * N)$$

N ist der Index des nächstgelegenen abgespeicherten Werts, der kleiner als der gemessene Wert MW ist, und N+1 der Index des nächstgrößeren. Um den Index N zu finden, muß man den Wert MW nur ganzzahlig (ohne Rest!) durch vier dividieren. In PASCAL macht das der Befehl MW DIV 4, in BASIC der Befehl INT(MW/4). MW − 4 * N ist der Abstand zum nächsttieferliegenden Wert der Tabelle. In PASCAL läßt sich dieser Wert auch so bilden: MW MOD 4.

An einem Beispiel soll das Ganze verdeutlicht werden: Nehmen wir die obige Tabelle zu Abb. 10. Wird nur noch jeder vierte Wert gespeichert, sieht sie so aus:

$T(0) = 0$
$T(1) = 5$
$T(2) = 8$
$\quad\vdots\qquad\vdots$

Der eingelesene Wert MW sei 7. Der nächst tiefergelegene abgespeicherte Meßwert ist 4. Sein Index N ist 7:4 = 1 (Rest 3). IST(1) entspricht T(1) und IST(2) dem Wert T(2). Damit ergibt sich: ISTkorr = 5 + (8−5)/4 * 3 = 7,25.

Vom Programmablauf her sieht das Ganze sehr einfach aus:

Einlesen des Meßwerts MW
N := MW DIV 4 oder N = INT(MW/4)
ISTkorr := siehe Formel oben!

Wird nicht jeder vierte Meßwert abgespeichert, sondern jeder i-te, müssen in der obigen Formel die beiden Vieren durch i ersetzt werden!

1.5 Ersatz von Hardware durch Software

Grundsätzlich läßt sich Hard- durch Software bzw. umgekehrt ersetzen, z. B. Und- bzw. Oder-Gatter durch Und- bzw. Oder-Befehle, Flip-Flops durch

1 Grundlagen

Merker (Flags), die gesetzt bzw. rückgesetzt werden können, Zählregister durch Variablen, die hochgezählt werden und die Verweilzeit von Monoflops durch Warteschleifen. Im folgenden sollen die Vor- und Nachteile von Hard- bzw. Softwarelösungen betrachtet werden.

1.5.1 Vor- und Nachteile von Software-Lösungen

Vorteile

- Hardwareersparnis
  Integrierte Schaltungen können zusammen mit der erforderlichen Platinenfläche und den Sockeln entfallen. Damit reduzieren sich die Herstellungskosten und der Wartungsaufwand.

- Verwendbarkeit von nichtlinearen Bauelementen
  Oft sind lineare Meßfühler wesentlich teurer als nichtlineare Bauelemente. Die Meßergebnisse nichtlinearer Fühler lassen sich jedoch durch Software linearisieren, wodurch ihr Einsatz möglich wird (vgl. Kapitel 1.4).

- Höhere Flexibilität
  Eine Änderung von Funktionsabläufen ist durch Ergänzung von Befehlen viel schneller zu erreichen, als durch Austausch von integrierten Schaltungen bzw. durch Verdrahtungsänderungen, die zudem bei gedruckten Schaltungen fast unmöglich sind. Das wird allgemein als der größte Vorteil von Software-Lösungen gesehen.

Nachteile

- Erhöhter Speicherbedarf
  Wegen der in den letzten Jahren zunehmend gesunkenen Preise für Speicher-ICs fällt dieser Nachteil nicht besonders ins Gewicht!

- Erhöhter Programmier- und Testzeit-Bedarf
  Vor allem, wenn hardwareersetzende Programmteile aus Gründen der Verarbeitungsgeschwindigkeit in Maschinensprache geschrieben werden, fällt mehr Zeit an, da wegen der erhöhten Fehlerwahrscheinlichkeit umfangreich getestet werden muß.

- Erhöhter Wartungsaufwand
  Einen großen Teil ihrer Arbeitszeit verbringen Software-Spezialisten zur Zeit damit, alte Programme zu überarbeiten, und das nur, weil diese

schlecht dokumentiert und damit schlecht lesbar sind. Will man diesen Aufwand vermindern, muß man die Software gut dokumentieren – was den Zeitbedarf für die Erstellung erhöht.

- Niedrigere Verarbeitungsgeschwindigkeit
  Das ist der entscheidende Nachteil einer Softwarelösung: Bei einem Ersatz durch Befehle in einer problemorientierten Programmiersprache liegen die Ausführungszeiten für die einzelnen Befehle im 100-µs- bis ms-Bereich. Bei Verwendung von Maschinenbefehlen im Bereich von µs. Im Vergleich dazu liegen die Verarbeitungszeiten von Hardware-Bausteinen im 100-ns-Bereich.

Beim Vergleich der oben aufgezählten Vor- und Nachteile zeigt sich, daß eine Software-Lösung immer dann zu empfehlen ist, wenn die geforderten Verarbeitungsgeschwindigkeiten eingehalten werden können.

1.5.2 Anwendungsbeispiele

Bausteinersparnis
Durch Übergang von der Programmierung in einer Hochsprache zu Maschinensprache (Assembler-Sprache) wird ein Messen schnell veränderlicher Größen möglich. Anwendungen dazu werden im Kapitel 3.3 besprochen. Hier soll vorweg an einem Beispiel gezeigt werden, wie sich Bausteine durch

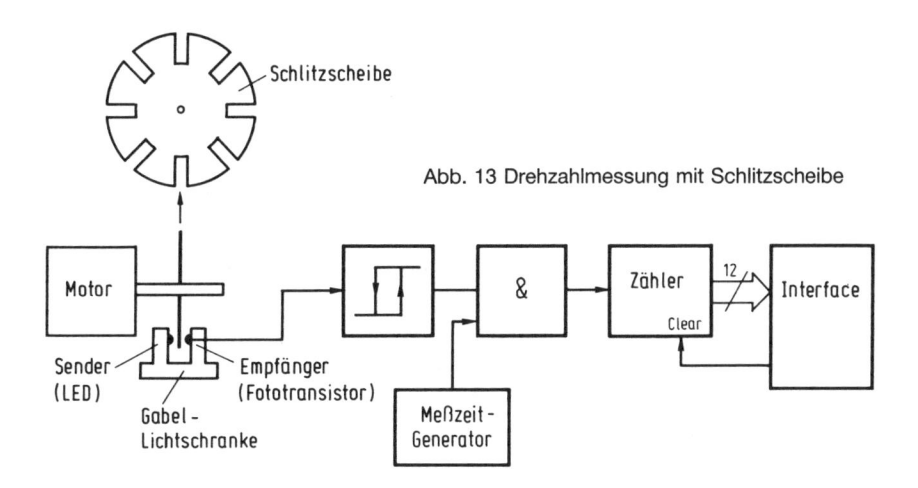

Abb. 13 Drehzahlmessung mit Schlitzscheibe

1 Grundlagen

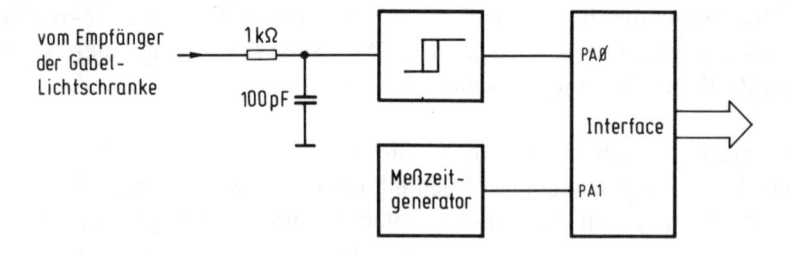

Abb. 14 Vereinfachte Hardwarelösung zur Drehzahlmessung bzw. -regelung

Software einsparen lassen. Betrachten wir dazu eine Schaltung zur Drehzahlmessung (*Abb. 13*). Auf der Achse des Motors, dessen Drehzahl gemessen werden soll, befindet sich eine Scheibe mit Schlitzen, die in eine Lichtschranke eintaucht. Die beim Drehen des Motors von dieser Lichtschranke gelieferten Impulse werden eine bestimmte Meßzeit – auch Torzeit genannt – in dem nachgeschalteten Zähler hochgezählt. Die Meßzeit wird durch einen Meßzeitgenerator vorgegeben. Solange sein Ausgang auf High liegt, gibt das Und-Gatter alle Impulse an den Zähler weiter.

Diese Hardware-Lösung läßt sich durch Einsatz von Software vereinfachen (siehe *Abb. 14*). Die von der Gabellichtschranke kommenden Impulse werden im Rechner hochgezählt (Zählvariable). Dabei wird nur so lange gezählt, wie am Eingang PA1 High liegt. Diese Software-Lösung führt zu einer Einsparung von drei Zählerbausteinen und einem Und-Gatter.

Offset-Korrektur
Ein besonders leidiges Problem der Meßtechnik, vor allen Dingen, wenn es sich um sehr kleine Signale handelt, die hochverstärkt werden müssen, ist die Temperaturdrift der aktiven Bauelemente, speziell der Operationsverstärker, die in den Wandlern und Meßschaltungen Verwendung finden. Wirkt das zu messende Signal nur hin und wieder auf die Meßschaltung ein, so kann man in der Zwischenzeit die Schaltung softwaremäßig neu „abgleichen". Wenn z. B. bei der Spannungsmessung keine Spannung am Eingang liegt, kann man dennoch die Ausgangsspannung der Schaltung mit dem Computer messen und die Abweichung von der theoretisch erforderlichen Null-Anzeige bei den weiteren Messungen von den gemessenen Werten abziehen. Man kann einen solchen softwaremäßigen Abgleich bzw. die Offset-Korrektur auch schaltungstechnisch vorsehen, indem man in den Eingang der Meßschaltung ein Miniaturrelais legt, das vom Port geschaltet werden kann. Um die Schaltung softwaremäßig zu kompensieren, muß das Relais den

1.5 Ersatz von Hardware

Eingang kurzzeitig vom Eingangssignal abtrennen und nach Masse legen. Die Ausgangsspannung muß dann mit dem Computer gemessen werden und bei den weiteren Messungen als Korrekturwert berücksichtigt werden.

Umcodierer
Verwenden Computer und Peripheriegerät (z. B. Drucker) verschiedene Codes, muß man beim Datenaustausch bzw. der Datenübertragung den einen Code in den anderen umwandeln (z. B. ASCII in EBCDIC). Normalerweise verwendet man dazu Decoder, meist in Form von ROMs. Diese Wandlung läßt sich jedoch auch softwaremäßig realisieren. Da 7-Bit-Codes maximal 128 Codewörter, bzw. 8-Bit-Codes maximal 256 Wörter haben, benötigt man eine Liste (eindimensionales Feld) dieser Länge. Mit Hilfe indizierter Variablen kann man in allen problemorientierten Sprachen Felder anlegen. Dabei wird das jeweilige Zeichen des Quellcodes als Index eines Feldelements verwendet. Der so adressierte Speicherplatz enthält das Zeichen des Zielcodes.

z. B.:	Quell-Code	Ziel-Code	
	EBCDI	ASCII	Anmerkung: Code-Element
	240(F0h)	48(30h)	jeweils dezimal
	241(F1h)	49(31h)	(in Klammern: hexadezimal)
	242(F2h)	50(32h)	
	.	.	

Daraus ergibt sich folgendes eindimensionale Feld:

in BASIC-Schreibweise	in PASCAL-Schreibweise
A(240) = 48	A[240] := 48;
A(241) = 49	A[241] := 49;
A(242) = 50	A[242] := 50;
.	.
.	.

In den meisten Sprachdialekten lassen sich auch Hexzahlen verwenden. Da die Code-Tabellen meist in Hexzahlform vorliegen, erleichtert das die Programmierung.

Die hier beschriebene Lösung ist hinsichtlich der Verarbeitungszeit nur zu empfehlen, wenn es auf Geschwindigkeit nicht ankommt. Höhere Geschwindigkeit bringt das Arbeiten in Maschinensprache (Assembler). Hier findet man das Zielcode-Element, indem man die Hexzahl des Quellcodes zur Anfangsadresse der im Speicher angelegten Codetabelle addiert. Wenn beispielsweise die Liste der ASCII-Werte bei Speicherplatz 8000 beginnt, findet man das zum EBCDI-Code F0 gehörige ASCII-Zeichen in Speicherplatz 80F0! Verwendet man einen Assembler (1), der mit symbolischen Adressen arbeitet, wie der beim 8086/88 vielverwendete MASM, deklariert und initialisiert man vorweg – normalerweise im Datensegment – eine Codetabelle mit den Zielcode-Elementen:

CODE_TAB DB ..,..,....,30h,31h,32h,...

Im Code-Segment des Programms greift man folgendermaßen darauf zu:

MOV SI,Quellcode
MOV AL,Code_TAB[SI]

Das Zielcode-Element steht dann in AL. Oder mit dem speziell dafür vorgesehenen Befehl XLAT:

MOV BX,OFFSET CODE_TAB
MOV AL,Quellcode
XLAT CODE_TAB

Timer
Wenn eine Aufgabenstellung so beschaffen ist, daß der Rechner eine bestimmte Zeit untätig warten muß, bis die benötigten Signale zur Verfügung stehen bzw. ausgegeben werden müssen, und wenn diese Zeit im Bereich von 10 ms bis Sekunden liegt, dann empfiehlt sich die Verwendung von Software als Ersatz für Timer bzw. Monoflops. Eine solche definierte Wartezeit wird mit einer Schleife mit definierter Durchlaufzahl erzeugt:

in Basic mit einer FOR – NEXT-Schleife z. B.:
 100 FOR I = 1 TO 100 : NEXT I
oder in Pascal
 FOR I :=1 TO 100 DO

Besonders einfach ist es in Turbo-Pascal. Hier kann man die ungefähre Wartezeit in Millisekunden angeben:

DELAY(Zeit)

In Assembler sieht die Warteschleife so aus:

```
            MOV CX,Konstante
    WARTEN: LOOP WARTEN
```

Durch Verändern der Anzahl der Schleifendurchläufe läßt sich die Wartezeit beliebig variieren. Das kleinste Zeitintervall, um das sich die Wartezeit verändern läßt, ist die für einen Schleifendurchlauf benötigte Zeit. Das bedeutet, daß sich eine Schleife mit beispielsweise 100 Durchläufen minimal um 1 % verlängern oder verkürzen läßt. Trifft man auf diese Weise nicht genau die benötigte Wartezeit, kann man in die Schleife Leeroperationen einbauen, z. B. Wertzuweisungen: *A = 100* oder arithmetische Operationen, wie z. B. *A = A + 1* (bei PASCAL „:="). Damit wird der einzelne Schleifendurchlauf natürlich länger und man benötigt weniger Durchläufe für die gleiche Wartezeit, kann jedoch unter Umständen die geforderte Zeit genauer treffen. Andererseits lassen sich mit solchen Leeroperationen sehr lange Wartezeiten erzielen. Wer mit einem Betriebssystem arbeitet, das eine Soft- oder Hardware-Uhr verwaltet, kann für längere Wartezeiten die Uhr des Computers abfragen. Letzteres tut auch der DELAY-Befehl von TURBO-PASCAL.

Die genau benötigte Zeit für eine solche Warteschleife läßt sich nicht generell angeben, da die einzelnen Computertypen mit verschiedenen Quarzfrequenzen arbeiten. Die vorzugebenden Konstanten müssen für den jeweiligen Computer mit einem einfachen Testprogramm ermittelt werden. Dazu nimmt man eine hohe Zahl von Durchläufen z. B. 10000 und ermittelt aus der gestoppten Gesamtzeit den Zeitbedarf für einen Durchlauf.

Als Orientierungshilfe soll aber die Größenordnung der Wartezeiten angegeben werden: Eine Zählschleife bis 10000 in (Interpreter-)BASIC dauert ca. 10 Sekunden, in TURBO-PASCAL ca. 0,1 Sekunden (bei einer Prozessor-Taktfrequenz von 5 MHz).

Sollen während der durch die Warteschleife definierten Zeit bestimmte Operationen vom Computer durchgeführt werden, so ist die gleichzeitige Erzeugung des Zeitintervalls mit dem Computer nicht mehr möglich, da nicht gleichzeitig zwei Operationen durchgeführt werden können. Eine Ausnahme bilden Programmteile ohne Verzweigungen, da deren Durchlaufzeit immer konstant ist und daher in die Schleifenzeit einkalkuliert werden kann.

1.6 Programmiertechnische Grundlagen

Bei der Programmierung von Aufgaben der Meß-, Steuer- und Regeltechnik ist die Abfrage von Zustandssignalen (Statusinformationen) bzw. Quittiersignalen einerseits und die Ausgabe von Steuersignalen andererseits von

1 Grundlagen

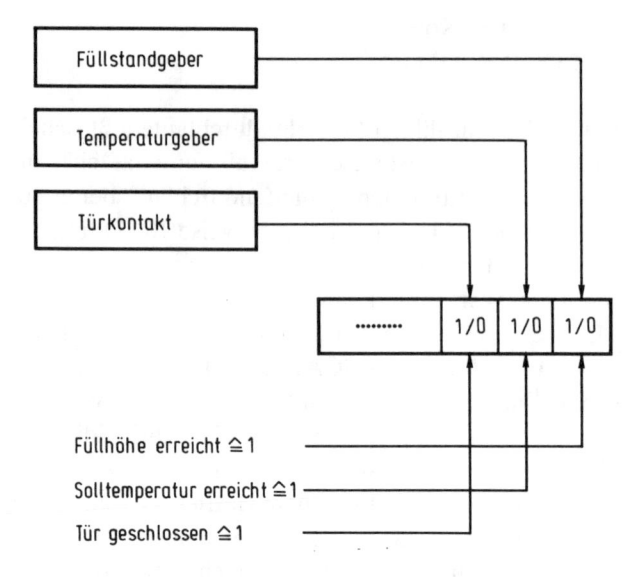

```
┌─────────────────┐
│  Füllstandgeber │────────────────┐
└─────────────────┘                │
┌─────────────────┐                │
│  Temperaturgeber│──────────┐     │
└─────────────────┘          │     │
┌─────────────────┐          │     │
│    Türkontakt   │────┐     │     │
└─────────────────┘    │     │     │
                       ▼     ▼     ▼
              ┌─────┬─────┬─────┬─────┐
              │.....│ 1/0 │ 1/0 │ 1/0 │
              └─────┴─────┴─────┴─────┘
```

Füllhöhe erreicht ≙ 1
Solltemperatur erreicht ≙ 1
Tür geschlossen ≙ 1

Abb. 15 Zusammenfassung mehrerer möglicher Zustandsinformationen einer Waschmaschine in einem Statuswort

großer Bedeutung. Üblicherweise werden Daten im Computer nur wortweise – also in 8- oder 16-Bit-Blöcken eingelesen, verarbeitet und ausgegeben. Für jedes Zustandssignal bzw. jedes Steuersignal müßte also ein Datenwort und damit ein Kanal verwendet – besser gesagt: verschwendet – werden. Selbst bei bescheidenen Meßanordnungen würden die bei den üblichen Computern zur Verfügung stehenden Kanäle nicht mehr ausreichen.

Zwar könnte man weitere E/A-Bausteine (vgl. Kapitel 2) vorsehen. Einfacher ist es jedoch, mehrere Informationen in ein Zustandswort (Statuswort) bzw. in ein Steuerwort zu packen. *Abb. 15* zeigt dies am Beispiel einer Waschmaschinen-Steuerung. Die nach dem Einlesen erforderliche selektive Abfrage der einzelnen Bits eines Zustandsworts erfolgt mit Befehlen der verwendeten Programmiersprache. Gerade die Assemblersprachen bieten hier mit mehreren speziellen Befehlen komfortable Möglichkeiten. Die Abfrage mit Befehlen der problemorientierten Sprachen andererseits ist – vor allem bei BASIC – zeitintensiv. Spielt also Schnelligkeit eine Rolle, sollte man die im folgenden beschriebenen Verfahren in Assembler programmieren.

1.6.1 Bitmaskierung

Da bei dem eingelesenen Zustandswort ein Bit nach dem andern selektiv abgefragt werden muß, müssen alle anderen Bits „unsichtbar" gemacht werden. Dieser Vorgang wird als „Maskierung" bezeichnet. Wie eine Maske vom Original (= Gesicht) nur das erforderliche Minimum durchläßt und ansonsten das vorgegebene Wunschbild bietet, so soll hier vom Original (= Statuswort) nur das gewünschte Bit sichtbar sein, und sollen alle anderen Bits auf einen vorgegebenen Wert – meist 0 – gesetzt werden. Das geschieht, indem mit einem Und-Befehl das Zustandswort *bitweise* mit einer konstanten Dualzahl (Maske) verknüpft wird:

```
      1/0  -  -  1/0  1/0  1/0   Statuswort
  ∧    0   -  -   0    0    1    Maske
      ─────────────────────────
       0   -  -   0    0   1/0   Ergebnis
```

Zum Verständnis dieser Verknüpfung: es gilt: $X \wedge 1 = X$ und $X \wedge 0 = 0$.

Da in diesem Beispiel nur das eine Bit „durchgelassen" wurde, ist die Überprüfung einfach: Hat das Ergebnis der Und-Verknüpfung (Maskierung) einen Wert verschieden von Null, war das Bit gesetzt, andernfalls war es nicht gesetzt. Soll anschließend Bit 1 abgefragt werden, muß als Maske:

0 - - - 0 1 0

verwendet werden.

Auf diese Art lassen sich auch Bitgruppen abfragen. Soll bei der Waschmaschine, deren Statuswort in *Abb. 15* abgebildet ist, zusätzlich ein Programmwahlschalter mit vier verschiedenen Programmen abgefragt werden, so benötigt man zusätzlich zwei Bits zur Codierung des gewählten Waschprogramms. Die Abfrage dieser Bitgruppe sähe dann folgendermaßen aus:

```
      -  -  -  -  1/0  1/0  1/0  1/0  1/0   Statuswort
  ∧   0  -  -  -   1    1    0    0    0    Maske
      ──────────────────────────────────
      0  -  -  -  1/0  1/0   0    0    0    Ergebnis
```

Nach Division des Ergebnisses durch 8 bzw. dreimaligem Schieben des Worts nach rechts (Rechtsshift) ergibt sich die korrekte Programmnummer.

1 Grundlagen

1.6.2 Bitmanipulation

Die Bitmaskierung war für die Abfrage von eingelesenen Statusinformationen von Bedeutung. Möchte man umgekehrt Steuersignale an die an den Computer angeschlossenen Geräte ausgeben, faßt man die einzelnen Steuergrößen in einem Steuerwort zusammen. *Abb. 16* zeigt dies am oben bereits betrachteten Beispiel einer Waschmaschinensteuerung. Jedes dieser Steuerbit muß unabhängig von den andern gesetzt bzw. rückgesetzt werden können. Bitmanipulation läßt sich mit logischen Befehlen durchführen.

Zum selektiven Eins-Setzen eines Bits wird das Steuerwort mit Hilfe einer Oder-Verknüpfung mit einer vorgegebenen konstanten Dualzahl *bitweise* verknüpft:

```
      1/0 - - - - 1/0 1/0    Steuerwort, alt
  v   0   - - - - 0   1      Konstante
      ─────────────────
      1/0 - - - - 1/0 1      Ergebnis = Steuerwort, neu
```

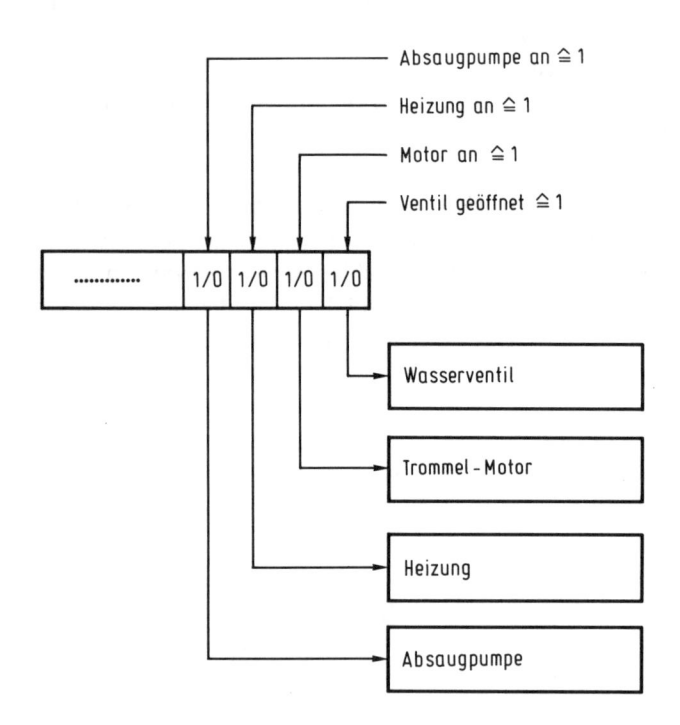

Abb. 16 Zusammenfassung mehrerer möglicher Steuergrößen einer Waschmaschine in einem Steuerwort

Da $1 \vee X = X$ und $0 \vee 1 = 1$ wird das niederwertigste Bit (Bit 0) unabhängig von seinem vorherigen Wert, definiert auf 1 gesetzt. Alle anderen Bits (Steuersignale) behalten ihren alten Wert bei. Soll Bit 1 auf 1 gesetzt werden, muß als Konstante
0 - - - - 0 1 0
verwendet werden.

Zum selektiven Rücksetzen eines einzelnen Bits wird das Steuerwort mit Hilfe einer Und-Verknüpfung mit einer vorgegebenen konstanten Dualzahl *bitweise* verknüpft:

```
    1/0 - - - - 1/0 1/0   Steuerwort, alt
  ∧ 1   - - - -  1   0    Konstante
  ─────────────────────
    1/0 - - - - 1/0  0    Ergebnis = Steuerwort, neu
```

Da $X \wedge 1 = X$ und $X \wedge 0 = 0$, wird das niederwertigste Bit, unabhängig von seinem vorherigen Wert, definiert auf 0 gesetzt. Alle anderen Bits behalten ihren alten Wert. Soll Bit 1 auf Null gesetzt werden, muß als Konstante verwendet werden:
1 - - - 1 0 1

Da diese Bitmanipulation zur Erzeugung von Steuersignalen sehr häufig benötigt wird, hat Intel bei dem für die parallele Daten-Ein- und -Ausgabe vielverwendeten E/A-Baustein 8255 die Möglichkeit vorgesehen, jedes der Bits von Kanal C selektiv zu beeinflussen. Nähere Information dazu entnehme man Kapitel 2.

1.7 Programmiersprachen

1.7.1 Pseudo-Code

Für die Meß-, Steuer- und Regeltechnik kommen alle für die wissenschaftlich-technische Programmierung geeigneten problemorientierten Programmiersprachen und die Assemblersprachen in Frage. In diesem Buch soll hinsichtlich der zunächst genannten Sprachen „sprachenneutral" vorgegangen werden, beim Assembler wird der der meistverwendeten Mikroprozessor-Familie 80×86/88 von Intel zugrundegelegt.

Um dennoch dem Leser ein schnelles Erstellen von Programmen zu ermöglichen, werden die Programmabläufe (Algorithmen) im Pseudo-Code dargestellt. Diese Darstellungsform geht von der Grundthese der Struktu-

1 Grundlagen

rierten Programmierung aus, daß sich alle Software-Problemstellungen mit den drei Grundstrukturen: Lineare Folge (Sequenz), Verzweigung (Alternative), Schleife (Iteration) lösen lassen. Da fast alle modernen Programmiersprachen Befehle für diese Strukturen enthalten, ist ein schnelles Codieren eines Programms möglich. Pseudo-Code enthält nur zwei Elemente:

- Ein paar Schlüsselworte (Pseudo-Befehle), um den Programmablauf mit Hilfe der drei Grundstrukturen zu beschreiben. Sie werden der besseren Übersicht wegen mit Großbuchstaben geschrieben oder unterstrichen. Der Einfachheit halber werden hier deutsche Bezeichnungen gewählt.

- Natürliche Sprache und mathematische Kurzzeichen für „größer", „kleiner" und „gleich" zur Beschreibung der Aktionen und Bedingungen.

Verwendet werden folgende Pseudo-Befehle:

a) für die Verzweigung
- Einfache Verzweigung

WENN Bedingung
DANN Anweisung(en)
SONST Anweisung(en)
ENDE WENN

        Umsetzung in PASCAL:
        IF Bedingung THEN Anweisung
        ELSE Anweisung;

        oder:
        IF Bedingung THEN
        BEGIN
        Anweisungen;
        END
        ELSE
        BEGIN
        Anweisungen;
        END

        Umsetzung in BASIC:
        IF Bedingung THEN Anweisung(en)/Zeilen-Nr.
                ELSE Anweisung(en)/Zeilen-Nr.

1.7 Programmiersprachen

Die SONST-Zeile bzw. der ELSE-Zweig kann auch entfallen! Die Verzweigungsanweisungen lassen sich beliebig ineinanderschachteln.

● Mehrfachverzweigung

FALLWEISE Var FÜR
1: Anweisung 1
2: Anweisung 2
  .
  .
n: Anweisung n
ENDE

Umsetzung in PASCAL:
CASE a OF
1: Anweisung 1;
2: Anweisung 2;
  .
  .
n: Anweisung n;
END

Umsetzung in BASIC:
ON a GOTO Adr.1,Adr.2,...,Adr. n

b) für die Schleife (Iteration)
● Schleifen mit fester Anzahl von Durchläufen.
Man erkennt diese Schleifen am Vorhandensein einer Laufvariable.

FÜR Variable := Zahl1 BIS Zahl2 TUE
Anweisung(en)
ENDE FÜR

Umsetzung in PASCAL:
FOR Var := a1 TO a2 DO
BEGIN
Anweisungen;
END

Umsetzung in BASIC:
FOR Var = 1 TO N
Anweisung(en)
NEXT Var

- Schleifen mit variabler Anzahl von Durchläufen. (Die Anzahl hängt vom Erfülltsein einer Bedingung ab.)

WIEDERHOLE BIS Bedingung
Anweisung(en)
ENDE WIEDERHOLE

    Umsetzung in PASCAL:
    REPEAT
    Anweisung(en)
    UNTIL Bedingung

Diese Wiederholschleife wird mindestens einmal durchlaufen(!), weil das Erfülltsein der Bedingung erst am Ende der Schleife abgefragt wird. Es gibt eine zweite Wiederholstruktur für die Fälle, bei denen eine Schleife unter Umständen überhaupt nicht durchlaufen wird. Bei diesen Schleifen muß das Erfülltsein der Bedingung vorab abgeprüft werden.

WIEDERHOLE SOLANGE Bedingung
Anweisung(en)
ENDE WIEDERHOLE

    Umsetzung in PASCAL:
    WHILE Bedingung DO
    BEGIN
    Anweisung(en)
    END

    Umsetzung in BASIC:
    WHILE Bedingung
    Anweisung(en)
    WEND

In manchen Fällen werden Schleifen sinnvollerweise abgebrochen. Das widerspricht zwar dem oben dargestellten Strukturkonzept, das nur einen Einstieg in eine Struktur an deren Kopf und einen Ausstieg an ihrem Ende zuläßt, doch – keine Regel ohne Ausnahme – es ist manchmal nützlich, vor allem bei Assemblerprogrammen, mitten aus einer Schleife auszusteigen und an eine andere Stelle des Programms zu springen.

1.7 Programmiersprachen

ABBRUCH WENN Bedingung(,Sprungmarke)

        Umsetzung in PASCAL:
        IF Bedingung THEN GOTO label

        Umsetzung in BASIC:
        IF Bedingung THEN GOTO Adresse

Die Sprungmarke wird mit Doppelpunkt vor die Programmzeile gesetzt, zu der der Sprung gehen soll, z. B. *1: Gib...aus.* Fehlt die Sprungmarke, soll ans Ende der Schleife gesprungen werden.

    Beim Ineinanderschachteln von Strukturen muß zur Erhöhung der Übersichtlichkeit jeweils um ein oder zwei Tabulatorschritte eingerückt werden!

    Bei den Anwendungsbeispielen in den folgenden Kapiteln haben wir es häufig mit Endlosprogrammen zu tun. So sollen z. B. Messungen permanent durchgeführt werden, bis der Meßvorgang abgebrochen wird. Eine regelmäßige Abfrage nach Durchlauf des Programms „Soll eine weitere Messung durchgeführt werden?" würde den Meßvorgang unnötig verlangsamen, weil jedesmal eine Taste betätigt werden müßte. Daher unterbleibt diese Abfrage. Bei den Programmablauf-Beschreibungen taucht dann die Formulierung auf:

WIEDERHOLE BIS Abbruch.
Sie läßt sich folgendermaßen programmieren:

in BASIC:
z. B.
100 ....
   :
300 GOTO 100

in TURBO-PASCAL:
WHILE True DO
BEGIN
:
END

Diese beiden Schleifen sind unter MS-DOS mit <CTRL>-C abbrechbar. Meist muß man aber diese Kombination öfter eingeben, bis der Computer reagiert.

1 Grundlagen

REPEAT
:
UNTIL KeyPressed

oder:
WHILE NOT KeyPressed DO
BEGIN
:
END

Diese beiden Schleifen sind durch Betätigen einer beliebigen alphanumerischen Taste abzubrechen. Voraussetzung: In der Version 3 von Turbo-Pascal muß BREAK abgeschaltet sein (BREAK = OFF in der Config.Sys) oder per Befehl vorab abgeschaltet werden, mit: *CBreak := False.*
Wertzuweisungen erfolgen mit dem Zeichen „:=". Kommentare werden durch Semikolon von den Anweisungen getrennt!

1.7.2 Einbindung von Assemblerprogrammen in Hochsprachenprogramme

Die Erstellung von Assemblerprogrammen ist sehr zeitintensiv. Vor allem die mathematischen Grundoperationen mit Gleitkomma oder die komplexeren Funktionen wie Wurzel, Sinus usw. sind nur dann kostengünstig zu programmieren, wenn sie aus entsprechenden Programmbibliotheken als fertige Module abgerufen werden können. Daher wird hier davon ausgegangen, daß alle mathematischen Berechnungen, die über einfache binäre Ganzzahl-Operationen hinausgehen, in einer problemorientierten Sprache durchgeführt werden. Assemblerprogramme werden lediglich dort eingesetzt, wo es auf Schnelligkeit ankommt. Sie führen den Dialog zwischen der externen Meß-, Steuer- bzw. Regelschaltung und lesen eventuell eine Folge von Meßwerten in einen Puffer ein. Die weitere mathematische Bearbeitung der Daten und Ausgabe auf Bildschirm bzw. Drucker soll in der Hochsprache erfolgen. Dazu werden die Assemblerprogramme in die Hochsprachenprogramme eingebunden und beim Ablauf des Programms im Hochsprachenprogramm aufgerufen. Moderne Hochsprachen unterstützen diese Einbindung von Assemblersprachen-Programmen.
Hier muß man zunächst zwei Arten von Assemblerprogrammen unterscheiden:
Im einfachsten Fall führt das Programm nur eine Aktion aus; es benötigt weder Parameter vom aufrufenden Hauptprogramm, noch gibt es solche

zurück. Es bildet damit die am einfachsten zu programmierende Gruppe. Im andern Fall erhält das Assemblerprogramm Daten vom Hochsprachenprogramm und/oder gibt das Ergebnis seiner Operationen an das Hochsprachenprogramm zurück. Programme dieses Typs sind schwieriger in der Programmierung, da es kein einheitliches Konzept der Datenübergabe gibt.

Während es in früheren Zeiten üblich war, Parameter zwischen Programmteilen in Registern zu übergeben, wird diese Vorgehensweise heute kaum noch angewandt. Statt dessen wird vorwiegend der Stack zum Parameteraustausch verwendet. Hierbei bieten sich zwei Möglichkeiten: die Eingabeparameter des Assemblerprogramms werden vom Hochsprachenprogramm direkt auf den Stack gebracht und das Assemblerprogramm gibt seinerseits die Ergebnis-Parameter direkt auf den Stack. Man nennt dies „Call by Value" – die Parameter werden auch als „Wertparameter" bezeichnet.

Im andern Fall gibt das Hochsprachenprogramm die Adressen, wo es die Parameter gespeichert hat, auf den Stack und erhält vom Assemblerprogramm die Ergebnisparameter auf den übergebenen Adressen. Man nennt dies „Call by Reference" – die Parameter werden auch als „Variablenparameter" bezeichnet. Während im ersten Fall der Stackaufbau vergleichsweise unstrukturiert ist, da die Anzahl auf dem Stack gespeicherter Bytes jeweils vom Typ jeder einzelnen Variablen abhängt (z. B. Ein-Byte Integer, Zwei-Byte Integer, Real usw.), ist im zweiten Fall die pro Parameter benötigte Adreßlänge immer gleich groß – unabhängig vom Typ der Variablen. Hier beginnen jedoch bei beiden Arten der Parameterübergabe die Probleme, bei denen oft nur das jeweilige Hochsprachen-Handbuch weiterhelfen kann. Wir wollen im folgenden nur die Parameter-Übergabe mit Hilfe von Adressen (Call by Reference) näher betrachten.

Zuerst muß man – unabhängig von der verwendeten Übergabeart – in Erfahrung bringen, mit wieviel Bytes die einzelnen Zahlentypen gespeichert werden. Und mit wieviel Bytes die Parameter-Adressen auf den Stack gebracht werden. (Bei der Mikroprozessor-Familie 80×86/88 wird jede physikalische Speicheradresse aus einer 16-Bit-Basisadresse [Segmentadresse] und einer 16-Bit-Relativadresse [Offset] berechnet.) Häufig benutzt das Assemblerprogramm das gleiche – maximal 64 KByte lange – Datensegment wie das Hochsprachenprogramm. In diesem Fall kommt man mit den 2-Byte-Relativadressen der Variablen aus. Manche Compiler ermöglichen daher die wahlweise Übergabe von 2- oder 4-Byte-Adressen. Im allgemeinen müssen Assemblerprogramme als Prozeduren (engl.: procedure) geschrieben werden. Manche Hochsprachen ermöglichen auch die direkte Eingabe des Hex-Codes der Prozessorbefehle (In-Line-Code), was jedoch nur bei sehr kurzen Programmen sinnvoll ist.

1 Grundlagen

Das Hochsprachenprogramm übergibt die Adressen der Ein- und Ausgabeparameter auf dem Stack in der Reihenfolge, wie sie in der Klammer des Prozeduraufrufs stehen – zusammen mit der Rückkehradresse ins Hauptprogramm (= Hochsprachenprogramm).

Das Assemblerprogramm wird aus dem Hochsprachenprogramm heraus als Unterprogramm (engl.: subroutine) oder Prozedur aufgerufen. Für den Fall, daß genau ein Parameter an das Hochsprachenprogramm zurückgeliefert werden muß, bieten Sprachen wie FORTRAN und PASCAL zusätzlich das Funktionen-Konzept an. Dabei werden die Adressen der 1 bis n Eingangsvariablen über den Stack übergeben, und zwar in der Reihenfolge, in der sie in der Klammer des Funktionsaufrufs stehen. Dies geschieht zusammen mit der Rückkehradresse ins Hochsprachenprogramm. Das Ergebnis der Funktion bei 2-Byte Integer wird in AX, bei 4-Byte Integer in AX und DX erwartet. Die Verwendung von Funktionen bietet sich für die meisten Anwendungen der Meß-, Steuer- und Regeltechnik an, da meist 8- bis 16-Bit-Ganzzahlen (Integers) übergeben werden. Für die Prozeduren gilt hinsichtlich der Ergebnisparameter: Da die Adressen aller beim Prozeduraufruf verwendeten Variablen an das Unterprogramm (Assembler-Prozedur) übergeben werden, kann jede der Variablen auch als Rückgabeparameter betrachtet werden!

Um das Verfahren etwas anschaulicher zu gestalten, soll der Stackaufbau anhand von *Abb. 17* näher betrachtet werden (man beachte, daß der Stack in Richtung abnehmender Adressen wächst!). Es stellt sich die Frage: Wie findet man die Variablenadressen auf dem Stack? Eine Möglichkeit wäre, relativ zum Stackpointer, der den Stapel verwaltet, zuzugreifen. Da dieser sich jedoch verändert, wenn im Unterprogramm Daten auf dem Stack zwischengelagert werden, ist das etwas schwierig. Intel hat bei der obengenannten Mikroprozessor-Familie daher einen Hilfs-Stapelzeiger, den Base-

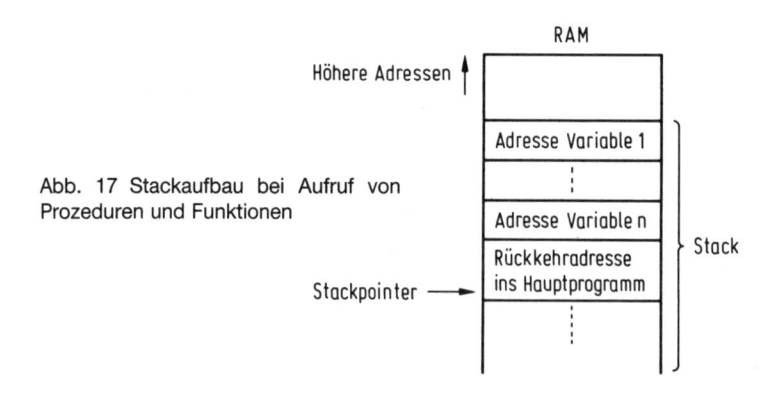

Abb. 17 Stackaufbau bei Aufruf von Prozeduren und Funktionen

1.7 Programmiersprachen

pointer vorgesehen. Man benutzt ihn, um sich eine „lokale Basis" – also einen für das gesamte Unterprogramm geltenden Bezugspunkt zu schaffen, relativ zudem man auf die Stackinformationen zugreifen kann.

Da Unterprogramme auch ineinandergeschachtelt werden können (d. h. in einem Unterprogramm wird wieder ein Unterprogramm aufgerufen, für das dann wieder eine lokale Basis geschaffen werden muß), wird der alte Basepointer-Inhalt zu Beginn des Unterprogramms auf dem Stack gesichert. Dann wird der Basepointer mit dem Inhalt des Stackpointers geladen – der Stapelzeiger sozusagen „eingefroren". Das sieht dann so aus:

PUSH BP
MOV BP, SP

Abb. 18 zeigt dies und die Relativadressen, mit denen man auf die Variablenadressen zugreifen kann. Diese Zugriffsadressen werden am besten mit Hilfe einer Konstantentabelle (EQUate-Tabelle), den im Assemblerprogramm verwendeten Variablen zugewiesen.

Im folgenden soll der Stackaufbau für die für die Steuer- und Regeltechnik in Frage kommenden Programmiersprachen kurz dargestellt werden:

- Für MS-FORTRAN gilt die in Abb. 18 dargestellte Struktur (4-Byte-Variablenadressen).

  Bei Beschränkung auf zwei Übergabeparameter ergibt sich damit die folgende Konstanten-Tabelle (EQUate-Tabelle):

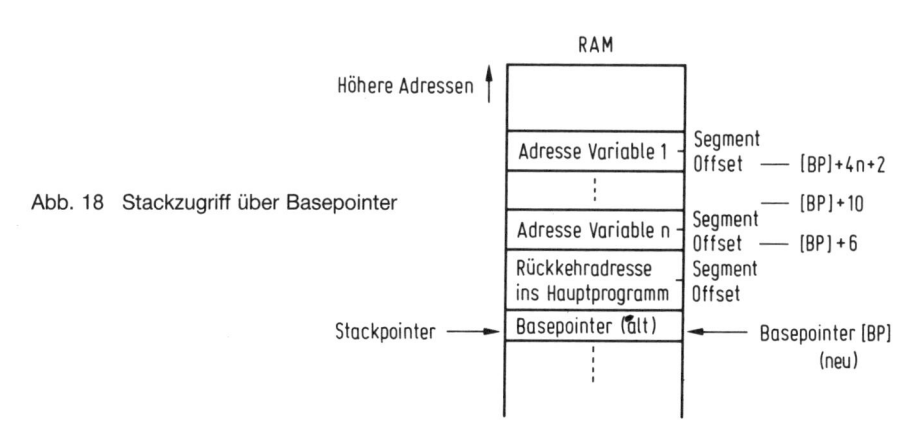

Var1_Adr EQU [BP] + 10
Var2_Adr EQU [BP] + 6

Abb. 18 Stackzugriff über Basepointer

1 Grundlagen

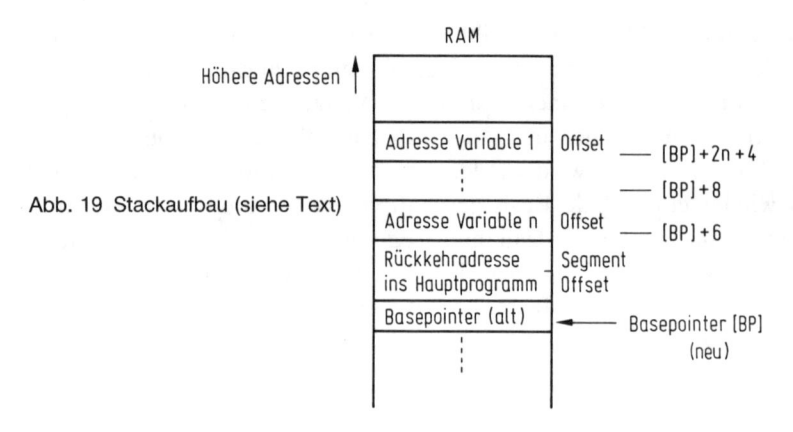

```
                                    RAM
                          ┌─────────────────────┐
          Höhere Adressen ↑│                     │
                          ├─────────────────────┤
                          │ Adresse Variable 1  │ Offset   ── [BP]+2n+4
                          ├─────────────────────┤  ⋮
Abb. 19 Stackaufbau (siehe Text)                           ── [BP]+8
                          ├─────────────────────┤
                          │ Adresse Variable n  │ Offset   ── [BP]+6
                          ├─────────────────────┤
                          │ Rückkehradresse     │ Segment
                          │ ins Hauptprogramm   │ Offset
                          ├─────────────────────┤
                          │ Basepointer (alt)   │◄──────── Basepointer [BP]
                          ├─────────────────────┤              (neu)
                          │         ⋮           │
                          └─────────────────────┘
```

- Für MS-PASCAL gilt die gleiche Struktur, wenn die Variablen mit VARS (S für Segmentadresse!) deklariert werden. Werden die Variablen mit VAR deklariert, gilt die in *Abb. 19* dargestellte Struktur (2-Byte-Variablenadressen).
  Bei Beschränkung auf zwei Übergabeparameter ergeben sich die folgenden Konstantentabellen (EQUate-Tabellen) im Assemblerprogramm:

  VAR-Deklaration   VARS-Deklaration
  Var1_Adr EQU [BP] + 8   Var1_Adr EQU [BP] + 10
  Var2_Adr EQU [BP] + 6   Var2_Adr EQU [BP] + 6

- Für MS-BASIC, GW-BASIC und mit BASCOM compiliertem BASIC gilt die in Abb. 19 dargestellte Struktur, wenn die Prozedur mit CALL aufgerufen wird (2-Byte-Variablenadresse). Wird sie mit CALLS aufgerufen (S für Segmentadresse!), gilt die in Abb. 18 dargestellte Struktur (4-Byte-Variablenadresse).
  Bei Beschränkung auf zwei Übergabeparameter ergeben sich die folgenden Konstantentabellen (EQUate-Tabellen) im Assemblerprogramm:

  CALL-Aufruf   CALLS-Aufruf
  Var1_Adr EQU [BP] + 8   Var1_Adr EQU [BP] + 10
  Var2_Adr EQU [BP] + 6   Var2_Adr EQU [BP] + 6

- Für Turbo-PASCAL gilt der in *Abb. 20* dargestellte Stackaufbau. Damit ergibt sich folgende Konstantentabelle (EQUate-Tabelle) im Assemblerprogramm:

  Var1_Adr EQU [BP] + 8
  Var2_Adr EQU [BP] + 4

1.7 Programmiersprachen

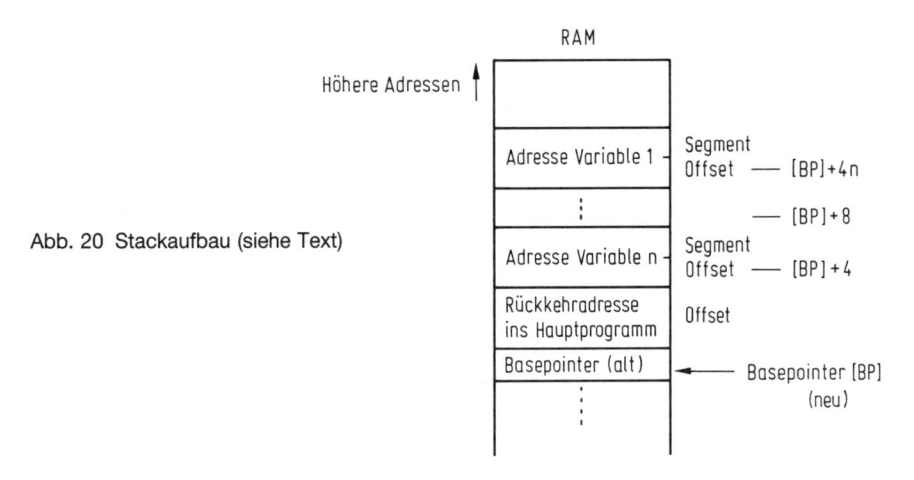

```
                        RAM
Höhere Adressen ↑    ┌─────────┐
                     │         │
                     │         │
                     ├─────────┤  Segment
                     │Adresse Variable 1│  Offset  — [BP]+4n
                     ├─────────┤
                     │    ⋮    │         — [BP]+8
                     ├─────────┤  Segment
                     │Adresse Variable n│  Offset  — [BP]+4
                     ├─────────┤
                     │Rückkehradresse│  Offset
                     │ins Hauptprogramm│
                     ├─────────┤
                     │Basepointer (alt)│ ← Basepointer [BP]
                     ├─────────┤              (neu)
                     │    ⋮    │
                     └─────────┘
```

Abb. 20 Stackaufbau (siehe Text)

Diese Vielfalt ist auf den ersten Blick sehr verwirrend; man kann nur hoffen, daß sich bei zukünftigen Weiterentwicklungen der Compiler einheitliche Strukturen durchsetzen.

Die erforderlichen Kommandos im Hauptprogramm und im Assemblerprogramm sollen im folgenden für verschiedene Programmiersprachen anhand eines einfachen Beispiels dargestellt werden. Vom Hochsprachenprogramm sollen zwei Zahlen an die Assemblerprozedur übergeben werden. Diese werden dann addiert und die Summe vom Hauptprogramm auf dem Bildschirm ausgegeben.

FORTRAN

Allgemeine Vorgehensweise: Das Assemblerprogramm wird separat als FAR-Prozedur erstellt und assembliert. Dann erfolgt das Zusammenbinden mit Ihrem compilierten FORTRAN-Programm durch:

LINK Fortran-Prog-Name+Ass-Prog-Name

Das FORTRAN-Programm zur Addition zeigt das folgende Beispiel:

```
program Summe
integer * 2 a,b,Addi,Summe
read (*, *) a,b
Summe = Addi(a,b)
write (*, *)'Die Summe ist',Summe
end
```

43

1 Grundlagen

Nachfolgend ist das Assemblerprogramm zu sehen. Da FORTRAN alle Adressen mit vier Bytes auf den Stack legt, ergibt sich eine andere Lage der Variablen relativ zum Basepointer!

Der äußere Rahmen dieses Programms ist zwingend vorgeschrieben – speziell die Bezeichnungen für das Code- und Daten-Segment. Das Datensegment ist bei diesem Beispiel allerdings überflüssig, wurde jedoch der Übertragbarkeit auf andere Aufgabenstellungen wegen beigefügt.

```
              PUBLIC ADDI
; Konstanten-Tabelle
PAR_1    EQU [BP] + 10              ;hier: 1.Summand
PAR_2    EQU [BP] + 6               ;hier: 2. Summand
DATA     SEGMENT PUBLIC 'DATA'      ;hier stehen Ihre Daten-
                                     definitionen
DATA     ENDS
DGROUP   GROUP DATA
CODE     SEGMENT PUBLIC 'CODE'
         ASSUME CS:CODE, DS:DGROUP, SS:DGROUP
ADDI     PROC FAR                   ;wichtig:
                                     immer FAR-Prozedur!
         PUSH BP
         MOV BP,SP                  ;lokale Basis!
         PUSH DS
         LDS BX,DWORD PTR PAR_1     ;Adresse 1.Parameter
                                     nach BX laden
         MOV AX, [BX]               ;Wert 1.Parameter
                                     nach AX laden
         LDS BX, DWORD PTR PAR_2    ;Adresse 2.Parameter
                                     nach BX laden
         ADD AX, [BX]               ;2.Parameter addieren
         POP DS
         POP BP
         RET 8                      ;Parameterzahl*4 Bytes
                                     freigeben
ADDI     ENDP
CODE     ENDS
         END
```

Die andere Möglichkeit besteht darin, ein Assemblerprogramm als Unterprogramm (subroutine) aufzurufen, z. B.

CALL ZEILEN(n)

wobei die Adresse des Parameters n über den Stack übergeben wird.

TURBO-PASCAL

Bei dieser Sprache hat sich ab der Version 4 eine wesentliche Änderung ergeben. Daher soll hier zunächst für Version 3 und dann für Version 4 ein Beispiel gegeben werden:

```
program Addition;
var a,b,Summe:integer;
FUNCTION Addi(VAR a,b:integer):integer; EXTERNAL 'add.com';
begin
writeln ('Bitte zwei Summanden eingeben:');
read (a,b);
Summe := Addi(a,b);
writeln;
writeln ('Die Summe ist: ',Summe);
end.
```

Wichtig ist in dem Programm die Angabe EXTERNAL, die dem Compiler mitteilt, daß das Programm separat entwickelt wurde, und dahinter der Name mit dem das Assemblerprogramm auf der Diskette gespeichert ist, hier: add.com. Wichtig ist auch, daß das Assemblerprogramm eine COM-Datei sein muß. Sie darf also nur maximal 64 KByte groß sein, nur aus einem logischen Segment bestehen (kein separates Datensegment!) und mit einem Offset von 100H beginnen (vgl. den Befehl ORG 100H). Man erhält sie, indem man das assemblierte Objekt-Programm (.OBJ) mit dem Linker bindet und dann mit EXE2BIN PROG_NAME.EXE PROG_NAME.COM in eine (.COM)-Datei umwandelt. Das zugehörige Assemblerprogramm:

1 Grundlagen

```
            PUBLIC ADDI
    CODE    SEGMENT
            ASSUME CS:CODE
;Konstanten-Tabelle
PAR_1  EQU [BP] + 8              ;hier: 1. Summand
PAR_2  EQU [BP] + 4              ;hier: 2. Summand
       ORG 100H                  ;da COM-Datei erforderlich
    ADDI  PROC NEAR
          PUSH BP
          MOV BP,SP              ;lokale Basis!
          PUSH DS
          LDS BX,DWORD PTR PAR_1 ;Adresse 1. Parameter
                                  nach BX laden
          MOV AX, [BX]           ;Wert 1. Parameter
                                  nach AX laden
          LDS BX,DWORD PTR PAR_2 ;Adresse 2. Parameter
                                  nach BX laden
          ADD AX, [BX]           ;2. Parameter addieren
          POP DS
          POP BP
          RET 8                  ;Parameterzahl * 4 Bytes
                                  freigeben
    ADDI  ENDP
    CODE  ENDS
          END
```

Wichtig ist hier die Anweisung PUBLIC ADDI. Sie teilt dem aufrufenden Programm den Namen der Prozedur mit. Das Ergebnis der Operation steht in AX zur Verfügung. Von dort wird es von der PASCAL-Funktion add übernommen. Die Anweisung RET 8 gibt die durch die zwei Parameteradressen belegten 8 Bytes des Stack wieder frei. Die Prozedur selbst ist eine NEAR-Prozedur; sie benötigt nur eine 2-Byte-Rückkehradresse (vgl. Abb. 20).

Läßt man in der Funktionsdeklaration die Bezeichnung VAR weg:

FUNCTION Addi(a,b:integer):integer; EXTERNAL 'add.com';

so werden die Parameter a und b direkt auf dem Stack abgelegt. Dadurch wird das Assemblerprogramm einfacher:

```
                PUBLIC ADDI
CODE            SEGMENT PUBLIC
                ASSUME CS:CODE
;Konstanten-Tabelle
PAR_1           EQU [BP] + 6        ;hier: 1. Summand
PAR_2           EQU [BP] + 4        ;hier: 2. Summand
                ORG 100H            ;da COM-Datei erforderlich
ADDI            PROC
                PUSH BP
                MOV BP,SP           ;lokale Basis!
                PUSH DS
                PUSH SS
                MOV AX,PAR_1        ;Wert 1. Parameter laden
                ADD AX,PAR_2        ;2. Parameter addieren und
                POP SS              ;Summe in AX übergeben an
                POP DS              ;Hauptprogramm
                POP BP
                RET 4               ;Parameterzahl * 2 Bytes freigeben
ADDI            ENDP
CODE            ENDS
                END
```

Normalerweise verwendet man Prozeduren, wenn man keine Ergebnisparameter an das aufrufende Programm zurückgeben muß. Im folgenden soll eine Prozedur eingebunden werden, die den Cursor um eine vorgegebene Zahl von Zeilen nach unten verschiebt, also Leerzeilen schafft. PASCAL-Programm:

```
var n:integer;
PROCEDURE ZEILEN(VAR n:integer);
EXTERNAL 'zeilen.com';
begin
writeln ('Bitte Zeilenzahl eingeben:');
read (n);
neue_zeilen(n);
writeln ('Hier geht es weiter')
end.
```

1 Grundlagen

Hier das zugehörige Assemblerprogramm:

```
              PUBLIC ZEILEN
    CODE      SEGMENT PUBLIC
              ASSUME CS:CODE
; Konstanten-Tabelle
    PAR       EQU [BP] + 4              ;hier: Zeilenzahl
              ORG 100H                  ;da COM-Datei erforderlich
    ZEILEN    PROC NEAR
              PUSH BP
              MOV BP,SP                 ;lokale Basis!
              PUSH DS
              LDS BX,DWORD PTR PAR      ;Adresse des Parameters laden
              MOV CX, [BX]              ;Wert des Parameters laden
    L1:       MOV AH,02H                ;Erzeugung des Zeilenwechsels
              MOV DL,0AH                ;durch n-maliges Ausgeben
              INT 21H                   ;von Line-feed und
              MOV DL,0CH                ;Carriage-Return
              INT 21H
              LOOP L1
              POP DS
              POP BP
              RET 4                     ;Param.-Zahl*4 Bytes freigeb.
    ZEILEN    ENDP
    CODE      ENDS
              END
```

In TURBO-PASCAL ab Version 4 werden Assemblerprogramme als Objekt-Dateien (.OBJ) eingebunden. Man muß das geschriebene Quellprogramm also nur assemblieren. Zudem kann das geschriebene Assemblerprogramm auch neben einem Code-Segment auch ein Daten-Segment enthalten. Code und Datensegment müssen zwingend die Namen „Code" und „Data" tragen. Werden in einem Assemblerprogramm-Codesegment mehrere Prozeduren definiert, müssen diese lediglich in der PUBLIC-Direktive aufgeführt werden:

z. B.: PUBLIC Proz1,Proz2,Proz3

Geändert ist auch die Mitteilung an das PASCAL-Programm, unter welchem Namen das Assemblerprogramm von Diskette einzulesen ist:

{$L Add.OBJ}.

Damit lautet der Programmkopf:
  program Addition;
  {$L Add.OBJ}
  var a,b,Summe:integer;
  FUNCTION Addi(VAR a,b:integer):integer; external

Die übrigen Programmzeilen sind identisch mit dem Listing auf Seite 45. Das Assemblerquellprogramm (Seite 46), das unter dem Namen „Add.ASM" auf Diskette gespeichert ist, kann übernommen werden, jedoch entfällt die Anweisung ORG 100H. Verwendet man die oben definierte Prozedur, sieht der Kopf folgendermaßen aus:

  program Leerzeilen;
  {$L Zeilen.OBJ}
  PROCEDURE ZEILEN(VAR n:integer); EXTERNAL;

Die übrigen Programmzeilen sind identisch mit den oben angegebenen. Auch hier kann das Assemblerquellprogramm übernommen werden – ohne den Befehl ORG 100H.

BASIC

Arbeitet man mit Interpreter-BASIC, kommt der etwas mühevolle Weg mit DATA-Anweisungen in Frage, die den Hex-Code des Programms (beim Assemblieren Datei .LST erzeugen!) enthalten. Dieser Weg ist meist in den BASIC-Handbüchern beschrieben. Arbeitet man mit einem BASIC-Compiler, lassen sich Assemblerprogramme bequem einbinden.

Allgemeine Vorgehensweise: Das Assemblerprogramm wird separat als FAR-Prozedur erstellt und assembliert. Dann erfolgt das Zusammenbinden mit Ihrem compolierten BASIC-Programm durch:

  LINK Basic-Prog-Name + Ass-Prog-Name

Das Assemblerprogramm wird als Prozedur – in BASIC Subroutine genannt – erstellt. In manchen Handbüchern wird verlangt, daß Segment und Offset des Assemblerprogramms vorab definiert werden. Sollten Sie Probleme bekommen, versuchen Sie es mit:

1 Grundlagen

```
    2 DEF SEG = &H8000
    4 ADD = 0
```

Das BASIC-Programm lautet:
```
    10 INPUT „Zwei Zahlen eingeben",A%,B%
    20 CALL ADD (A%,B%,SUMME%)
    30 PRINT „Die Summe lautet: ",,SUMME%
```

Das Assemblerprogramm lautet:
```
              PUBLIC ADD
    ;Konstanten-Tabelle
    PAR_1     EQU [BP] + 10      ;hier: 1. Summand
    PAR_2     EQU [BP] + 8       ;hier: 2. Summand
    SUMME     EQU [BP] + 6       ;hier: Summe

    DATA      SEGMENT PUBLIC 'DATA';              Hochkommas!
                                 ;hier stehen Ihre Datendefinitionen
    DATA      ENDS
    DGROUP    GROUP DATA

    CODE      SEGMENT PUBLIC 'CODE'
              ASSUME CS:CODE, DS:DGROUP, SS:DGROUP

    ADD       PROC FAR           ;wichtig: immer FAR-Prozedur!
              PUSH BP
              MOV BP,SP          ;lokale Basis!
              MOV BX,PAR_1       ;Adresse 1. Parameter nach BX laden
              MOV AX, [BX]       ;Wert 1. Parameter nach AX laden
              LDS BX,PAR_2       ;Adresse 2. Parameter nach BX laden
              ADD AX, [BX]       ;2. Parameter addieren
              MOV BX,Summe       ;Adresse der Summe nach BX laden
              MOV [BX],AX        ;Summe in den Speicher schreiben
              POP DS
              POP BP
              RET 6              ;Parameterzahl*2 Bytes freigeben
    ADD       ENDP
    CODE      ENDS
              END
```

1.7.3 Software-Erweiterungen

Die in den Kapiteln 3 bis 6 dargestellten Anwendungsaufgaben aus der Meß-, Steuer- und Regeltechnik stellen hinsichtlich der Software nur Minimallösungen dar. Die Programme enthalten bis auf wenige Ausnahmen z. B. keine Absicherung gegen Fehleingaben, was heute von kommerziellen Programmen als Standard erwartet wird. Sie lassen sich auch softwaremäßig dahingehend erweitern – und hier zeigt sich der Vorteil des Computer-Einsatzes – daß man Messungen über einen längeren Zeitraum durchführt und z. B. die zeitliche Verteilung der gemessenen Größe in Form einer Grafik auf dem Bildschirm darstellt. Auch statistische Auswertungen sind denkbar und oft nützlich. So ließen sich Durchschnittswerte ermitteln, indem man die Messungen in gleichbleibenden Zeitabschnitten durchführte, die Meßwerte aufsummierte und durch die Anzahl der Messungen dividierte. Daraus ließen sich Maximalabweichungen vom Mittelwert bzw. Standardabweichungen ermitteln und ausgeben. Regelmäßige Zeitabstände lassen sich softwaremäßig leicht durch Abfrage der Uhr des Computers realisieren. Dabei empfiehlt es sich, die gemessenen Werte in eine Datei zu schreiben und auf Diskette oder Festplatte auszulagern. Auf diese Weise bleiben Meßwerte erhalten, auch für den Fall, daß die Spannung am Meßgerät einmal ausfällt oder das Meßprogramm „abstürzt".

2 Interfaces

2.1 Einführung

Will man periphere Geräte, wie Relais, Motoren, Anzeigeelemente, Meßfühler, programmierbare Netzgeräte, Frequenzgeneratoren usw. mit einem Computer verbinden, benötigt man zusätzliche Schaltungen, sogenannte Schnittstellen (engl.: Interface). Diese besorgen die Anpassung zwischen Computer und peripheren Geräten. Da die von den peripheren Geräten benötigten Spannungspegel, Stromstärken und Leistungen mit den vom Computer gelieferten meist nicht übereinstimmen und vor allem die Verarbeitungsgeschwindigkeiten sehr verschieden von denen des Computers sind, müssen diese Größen mit Hilfe der Schnittstelle angepaßt werden. Von den Mikrocomputer-Herstellern werden spezielle Interfaces zu den einzelnen Prozessortypen angeboten. Damit sich die Peripheriegeräte-Lieferanten (z. B. von Druckern, Plottern) nicht auf eine Vielzahl solcher Spezialinterfaces einstellen müssen, wurden schon frühzeitig einige Schnittstellen genormt bzw. zum Quasi-Standard erhoben. Am bekanntesten sind die V 24-Schnittstellen (in USA: RS-232-C genannt), der IEC-625-Bus – kurz IEC-Bus genannt – (in USA: IEEE-488) und die Centronics-Schnittstelle, der bei Personalcomputern häufig verwendete Quasi-Standard für Drucker-Interfaces. Während bei der V 24-Schnittstelle die Daten seriell, also Bit für Bit übertragen werden, erfolgt diese Übertragung beim IEC-Bus byteweise auf je einen Takt hin. Bei der seriellen Übertragung kann man mit wenigen Leitungen auskommen. Benötigt dafür aber bei gleicher Taktfrequenz mehr Zeit für die Datenübertragung, während man bei der Parallelübertragung mindestens 7 bis 8 Datenleitungen und zusätzlich einige Steuerleitungen benötigt, dafür aber einen schnelleren Datentransport durchführen kann.

Auch wenn in diesem Buch bei den Anwendungsbeispielen ein einfaches Spezialinterface verwendet wird, sollen die obengenannten Standardschnittstellen doch näher beschrieben werden. Sie werden nämlich bei Kleincomputern zunehmend eingebaut. Dabei sind allerdings oft nicht alle Funktionen, die die Norm vorsieht, realisiert: beispielsweise fehlen einige Steuer- oder Quittiersignale.

2.2 Der IEC-625-Bus

Der IEC-625-Bus – kurz IEC-Bus genannt – geht auf eine Entwicklung der Firma Hewlett-Packard zurück und wurde 1975 als IEEE-488-Standard in USA genormt. Die internationale Normung erfolgte 1980 als IEC-625 Interface-Bus. Die beiden Normen sind elektrisch gesehen völlig gleich. Sie verwenden lediglich zwei verschiedene Steckersysteme. Die IEEE-Norm sieht den 24poligen Amphenol-Stecker und die IEC-Norm den 25poligen Canon-Stecker vor. In der Praxis ist jedoch heute die überwiegende Zahl der industriell verwendeten Geräte mit dem 24poligen Stecker ausgerüstet. *Abb. 21* zeigt die beiden Steckertypen und die Signalbelegung der einzelnen Stifte.

Im Unterschied zur RS-232-C-Schnittstelle, die nur den Datenaustausch zwischen zwei Geräten erlaubt, ermöglicht der IEC-Bus das Zusammenwirken mehrerer unterschiedlicher Geräte über ein gemeinsames Leitungssystem (Bus), an das alle Geräte angeschlossen sind. Man bezeichnet ein solches System auch als Party-Line-System. Der IEC-Bus hat folgende Leistungsmerkmale:

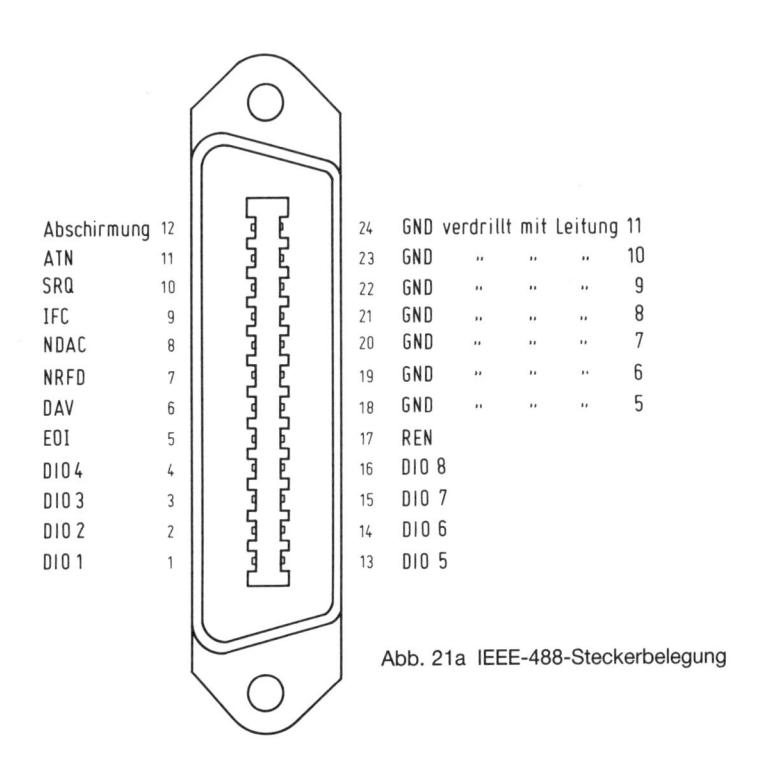

Abschirmung	12	24	GND verdrillt mit Leitung	11
ATN	11	23	GND ,, ,, ,,	10
SRQ	10	22	GND ,, ,, ,,	9
IFC	9	21	GND ,, ,, ,,	8
NDAC	8	20	GND ,, ,, ,,	7
NRFD	7	19	GND ,, ,, ,,	6
DAV	6	18	GND ,, ,, ,,	5
EOI	5	17	REN	
DIO 4	4	16	DIO 8	
DIO 3	3	15	DIO 7	
DIO 2	2	14	DIO 6	
DIO 1	1	13	DIO 5	

Abb. 21a IEEE-488-Steckerbelegung

2 Interfaces

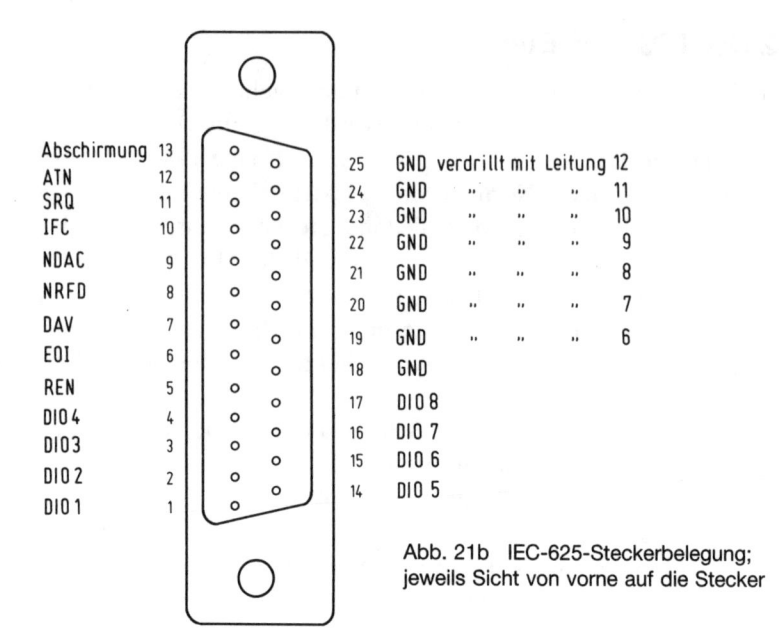

Abschirmung	13	25	GND verdrillt mit Leitung	12
ATN	12	24	GND " " "	11
SRQ	11	23	GND " " "	10
IFC	10	22	GND " " "	9
NDAC	9	21	GND " " "	8
NRFD	8	20	GND " " "	7
DAV	7	19	GND " " "	6
EOI	6	18	GND	
REN	5	17	DIO 8	
DIO 4	4	16	DIO 7	
DIO 3	3	15	DIO 6	
DIO 2	2	14	DIO 5	
DIO 1	1			

Abb. 21b IEC-625-Steckerbelegung; jeweils Sicht von vorne auf die Stecker

- an den Bus können maximal 15 Geräte angeschlossen werden;
- das gesamte Leitungssystem darf nur maximal 20 m lang sein. Bei dieser Buslänge kann mit einer maximalen Übertragungsgeschwindigkeit von 250 bis 500 KByte pro Sekunde gearbeitet werden – bei sehr kurzen Entfernungen mit 1 MByte – wobei die tatsächliche Geschwindigkeit durch die angeschlossenen Geräte bestimmt wird. Die Entfernung zweier angeschlossener Geräte darf dabei 4 m nicht überschreiten;
- das Bussystem besteht aus 16 Leitungen: 8 Datenleitungen und 8 Steuerleitungen;
- die Datenübertragung erfolgt bitparallel und byteseriell. Dabei findet der ISO-7-Bit-Code Anwendung, dessen 7 Bit durch ein Paritybit ergänzt werden;
- alle Pegel der Leitungen sind TTL-kompatibel. Alle Signale sind Low-aktiv;
- der Widerstand je Meter Kabellänge darf für jede Signal- und Masseleitung maximal 0,14 Ω betragen.

Die in einem System miteinander verbundenen Geräte lassen sich in vier Gruppen einteilen:

2.2 Der IEC-625-Bus

- Listener (Empfänger) können nur Daten empfangen;
- Talker (Sender) können nur Daten senden;
- Talker/Listener können wahlweise Daten senden oder empfangen;

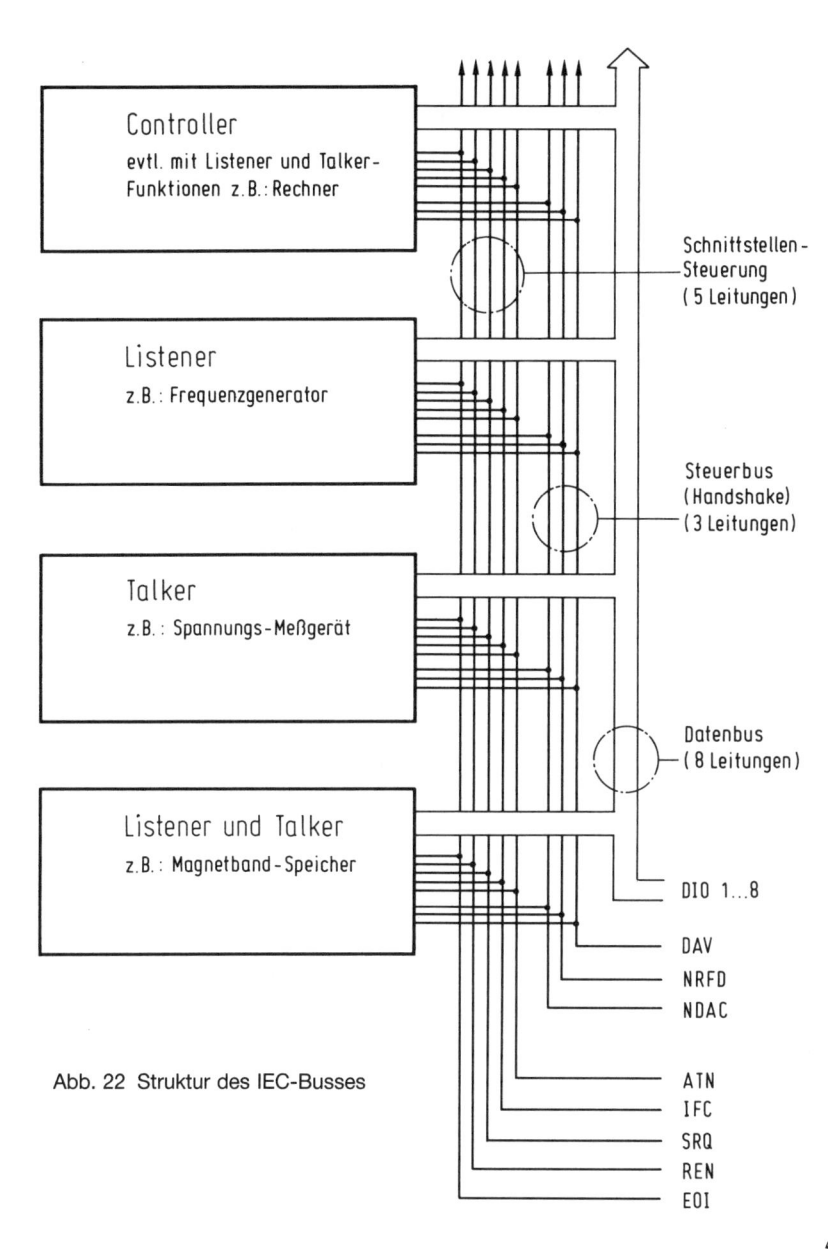

Abb. 22 Struktur des IEC-Busses

2 Interfaces

- Controller (Steuereinheit, z. B. Computer). Diese Einheit wird nur einmal benötigt. Sie übernimmt die Adressierung der am Informationsaustausch beteiligten Geräte und steuert den Datenaustausch. Sind nur zwei Geräte am Bus angeschlossen, kann das eine zusätzlich die Controller-Funktion übernehmen.

Abb. 22 zeigt die Interface-Bus-Struktur. Wie man erkennt, zerfallen die acht Steuerleitungen in zwei Gruppen:

Eine Gruppe von 5 Leitungen für die Schnittstellensteuerung und drei Leitungen für die Steuerung des Datenaustauschs (Handshakeleitungen). Die Bedeutung der gezeigten Leitungen soll im folgenden beschrieben werden.

Die Schnittstellenleitungen und ihre Funktionen

- DAV (Data Valid = Daten gültig)
Ein Talker (sendendes Gerät) hat gültige Daten, die übergeben werden sollen.

- NRFD (Not Ready For Data = nicht bereit für Daten)
Nicht alle Geräte sind für den Empfang bereit. Die Datenübertragung kann erst beginnen, wenn alle angesprochenen Geräte für die Aufnahme von Daten bereit sind. Durch die Verbindung der NRFD-Ausgänge aller Geräte entsteht eine Und-Verknüpfung (Wired-And = verdrahtetes Und).

- NDAC (Not Data Accepted = Daten nicht übernommen)
Die Daten sind noch nicht von allen Geräten übernommen worden.

- ATN (Attention = Achtung)
Ein Nullsignal (H-Niveau) auf dieser Leitung bedeutet, daß sich Daten auf den Datenleitungen befinden (Daten-Modus). Liegt auf dieser Leitung eine Eins (L-Niveau), werden Adressen oder Befehle (Nachrichten an die Schnittstellen der angeschlossenen Geräte) über die Datenleitungen übertragen.

- IFC (Interface Clear = Interface bereit)
Diese Signalleitung wird nur vom Controller angesteuert. Sie dient dazu, alle angeschlossenen Geräte in eine definierte Ausgangsstellung zu bringen (z. B. nach dem Einschalten der Netzspannung beziehungsweise nach Netzausfall).

2.2 Der IEC-625-Bus

- SRQ (Service Request = Bedienungsanforderung)
Dieses Signal erscheint, wenn eines oder mehrere der angeschlossenen Geräte eine Bedienungsanforderung an den Controller geben. Der Controller muß dann prüfen, welches Gerät die Anforderung ausgesandt hat, indem er alle Geräte der Reihe nach abfragt (serielle Abfrage, engl. Serial Poll) oder alle Geräte parallel abfragt (engl. Parallel Poll). Auf diese Weise kann sich ein Gerät, das einen Meßwert vorliegen hat, unmittelbaren Zugriff zum Computer verschaffen.

- REN (Remote Enable = Fernsteuerung)
Dieses Signal bereitet die angeschlossenen Geräte auf Fernbedienung vor. Wird dabei ein Gerät als Listener adressiert, werden seine Frontplattenbedienungselemente gesperrt.

- EOI (End Or Identify = Ende oder Identifikation)
Dieses Signal hat zwei verschiedene Funktionen, je nachdem, ob man sich im Datenmodus oder im Kommandomodus befindet (vgl. ATN-Signal). Befindet sich das Gerät im Datenmodus, kennzeichnet dieses Signal das letzte Byte eines Übertragungsblockes. Befindet sich das Gerät im Kommandomodus, wird eine Parallelabfrage aller angeschlossenen Geräte eingeleitet, um festzustellen, welches Gerät eine Bedienung (Service Request – siehe SRQ) angefordert hat.

Das Quittierverfahren

Im folgenden soll das Quittierverfahren (Handshake-Verfahren) bei der Übertragung von Daten und Befehlen beschrieben werden. Vor Beginn der Datenübertragung definiert der Controller durch Aussenden entsprechender Geräteadressen ein oder mehrere Geräte als Listener und eines der Geräte als Talker. Die Geräteadressen müssen vom Anwender beim Anschluß der Geräte an den Bus festgelegt werden. Dazu dienen meist fünf Miniatur-Kippschalter, mit denen sich eine 5-Bit-Geräteadresse festlegen läßt. Da die Adresse 31 bereits vergeben ist (für Kommando Untalk bzw. Unlisten), stehen somit 31 (einschließlich der Null) verschiedene Geräteadressen zur Verfügung. Ob ein Gerät mit vorgewählter Adresse als Empfänger (Listener) oder als Sender (Talker) arbeitet, legen Bit 6 und Bit 7 fest. Ist Bit 6 = „1" arbeitet das Gerät als Listener, ist Bit 7 = „1" (Bit 6 = „0"), arbeitet das Gerät als Talker. Ein Gerät, das vom Anwender mit der Adresse 5 belegt wurde, erhält, wenn es als Listener arbeitet, auf dem Datenbus als interne Adresse die Adresse 37 und wenn es als Talker arbeitet, die Adresse 69 (s. Tabelle).

2 Interfaces

Geräte-Nr.	Listener-Adressierung Datum auf Datenbus	Dezimal-äquivalent	Talker-Adressierung Datum auf Datenbus	Dezimal-äquivalent
0	001 00000	32	010 00000	64
1	001 00001	33	010 00001	65
2	001 00010	34	010 00010	66
3	001 00011	35	010 00011	67
4	001 00100	36	010 00100	68
5	001 00101	37	010 00101	69
.	.	.	.	.
.	.	.	.	.
.	.	.	.	.
30	001 11110	62	010 11110	94
31	001 11111	63	010 11111	95

Nach Einschalten der Geräte oder nach Netzausfall bringt der Controller alle angeschlossenen Geräte mit Hilfe des Signals IFC in eine definierte Ausgangsstellung. Zu Beginn jeder Übertragungs-Prozedur sendet der Controller das Signal REN und dann das Signal ATN („0" oder „1", je nachdem, ob es sich um Daten oder Befehle handelt). Die weitere zeitliche Abfolge der Quittiersignale entnehme man *Abb. 23*. Zunächst sind die Daten nicht gültig (DAV = „0", „H"-Niveau), nicht alle Listener empfangsbereit (NRFD = „1", „L"-Niveau), und die Daten noch nicht übernommen (NDAC = „1", „L"-Niveau). Das datensendende Gerät (Talker) legt nun das erste Datenbyte auf den Datenbus. Die einzelnen Empfangsgeräte (Listener) werden der Reihe nach bereit für die Datenübernahme. Hat das langsamste Gerät schließlich auch seine NRFD-Leitung freigegeben, zieht der Pull-up-Widerstand die NRFD-Leitung auf „H" (log. „0"). Das sendende Gerät erklärt daraufhin die Daten für gültig. Nachdem das langsamste Empfangsgerät das Datum übernommen hat, geht das NRFD-Signal wieder in den „1"-Zustand. Das schnellste Empfangsgerät quittiert die Datenübernahme, indem es seinen NDAC-Ausgang freigibt. Da alle NDAC-Ausgänge undverknüpft sind, wird dieses Signal erst logisch „0", wenn alle Geräte mit der Übernahme fertig sind. Daraufhin werden die Daten vom sendenden Gerät für nicht gültig erklärt (DAV = „0"). Die Empfangsgeräte quittieren dieses Signal, indem sie NDAC wieder auf „1" setzen und der Reihe nach ihre NRFD-Ausgänge freigeben. Damit ist die Übertragung eines Datenbytes beendet.

2.2 Der IEC-625-Bus

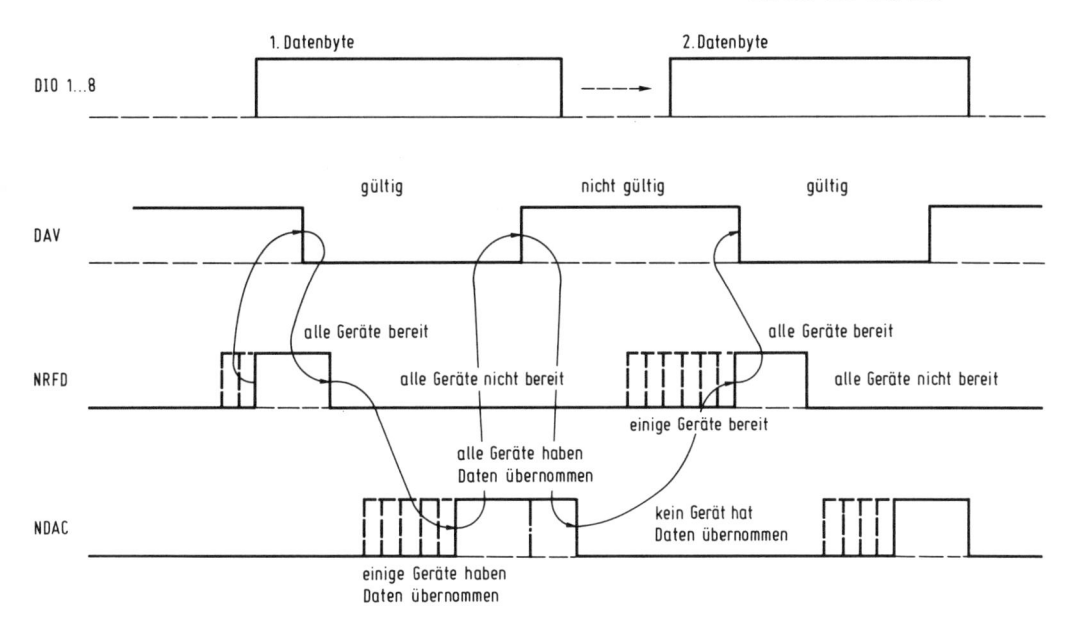

Abb. 23 Signalflußplan für den IEC-Bus-Datenaustausch

Auf die Befehle, die im Befehlsmodus übertragen werden können, soll hier nicht eingegangen werden. Man entnehme sie und ihre Codierung dem jeweiligen Gerätehandbuch.

Um den IEC-Bus softwaremäßig betreiben zu können, das heißt, Daten von anderen Geräten einzulesen oder an diese auszugeben, benötigt man Prozeduren, die die einzelnen Steuerleitungen aktivieren, beziehungsweise IEC-Befehle oder Daten ausgeben z. B.: *UNLISTEN, UNTALK, INTERFACE_CLEAR, INBUS, OUTBUS*.

Mit diesen Prozeduren könnte eine Programmsequenz zur Ausgabe von Daten folgendermaßen aussehen:

```
CALL UNLISTEN        ;löscht alle Listener
CALL UNTALK          ;löscht alle Talker
CALL LISTEN_ADR 5    ;deklariert Gerät 5 als Listener
                     ;d. h. 37 wird als Adresse ausgegeben
CALL TALKER_ADR 7    ;deklariert Gerät 7 als Talker
                     ;d. h. 71 wird als Adresse ausgegeben
```

2 Interfaces

    CALL OUTBUS   ;Ausgabe eines Datums oder einer
                                      ;Zeichenkette
    CALL UNLISTEN
    CALL UNTALK

Diese Programmierung ist noch sehr hardwarenah. Es gibt komfortablere Möglichkeiten, aus Hochsprachen den IEC-Bus anzusprechen, z. B.

    PRINT 5:„ABS" bedeutet: Ausgabe von „ABC" an Gerät 5 (Listener-Adresse)
    INPUT 5:A$ bedeutet: Eingabe von Gerät 5 (Talker-Adresse).

Dies sollen nur einige Beispiele sein. Es soll hier nicht weiter auf die Softwareseite des IEC-Busses eingegangen werden, da die benötigten Befehle in den Gerätehandbüchern genau beschrieben werden.

Integrierte IEC-Bus-Steuerbausteine

Um demjenigen, der seine vorhandenen Geräte mit einem IEC-Bus-Interface ausrüsten möchte, die Arbeit zu erleichtern, sollen hier ein Schaltungsvorschlag mit Integrierten Bausteinen angeboten werden (2). Es finden die Controller 8291/8292 und die Bus-Treiber 8293 von Intel Anwendung (*Abb. 24*).

2.3 Die V.24-Schnittstelle

Im Gegensatz zum IEC-Bus ist die V.24-Schnittstelle (in USA RS-232-C-Schnittstelle bzw. Neufassung RS-232-D) kein Bussystem, an das mehrere Geräte gleichzeitig angeschlossen werden können, sondern eine Punkt-zu-Punkt-Verbindung für zwei Geräte, genauer gesagt: zur Verbindung einer Datenendeinrichtung (DTE = Data Terminal Equipment) wie Rechner, Drucker usw. mit einer Daten-Übertragungseinrichtung (DCE = Data Communication Equipment), auch Modem (= Modulator + Demodulator) genannt. Dabei sollte die Entfernung zwischen den beiden Geräten nicht mehr als 15 m betragen (die genauen physikalischen Daten sind in der CCITT-Empfehlung V.28 beschrieben!).

    Der Datenaustausch erfolgt im allgemeinen bidirektional, wobei die Daten bitseriell übertragen werden. Dabei ist, im Unterschied zum IEC-Bus,

2.3 V.24-Schnittstelle

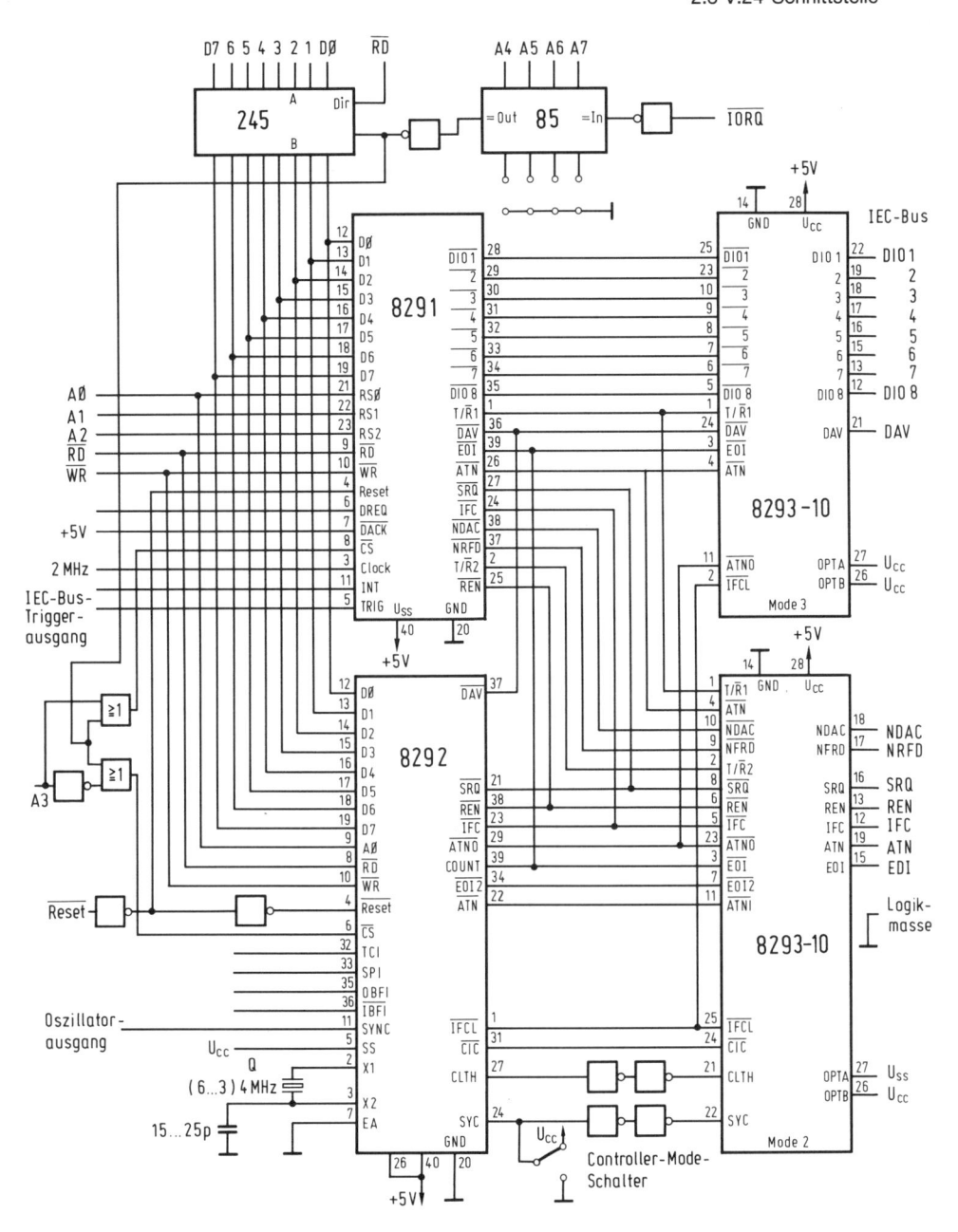

Abb. 24 IEC-Bus-Interface mit den Intel-Bausteinen 8291 und 8292

2 Interfaces

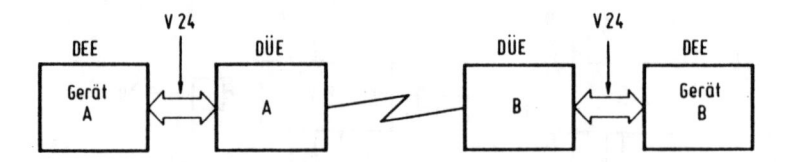

Abb. 25 Struktur einer Datenfernübertragung mit V.24

Vollduplex-Betrieb möglich. *Abb. 25* zeigt die Struktur einer Übertragungsstrecke (z. B. Postfernleitung) zwischen zwei Datenendgeräten unter Verwendung der V.24-Schnittstelle.

Die Schnittstellenleitungen und ihre Funktionen

Abb. 26 zeigt den genormten 25pol. Stecker. Bei den AT-kompatiblen Rechnern wird eine 9pol. Version des V.24-Steckers verwendet, der in *Abb. 27* mit den Kurzbezeichnungen der Signale dargestellt ist. Etwas unschön

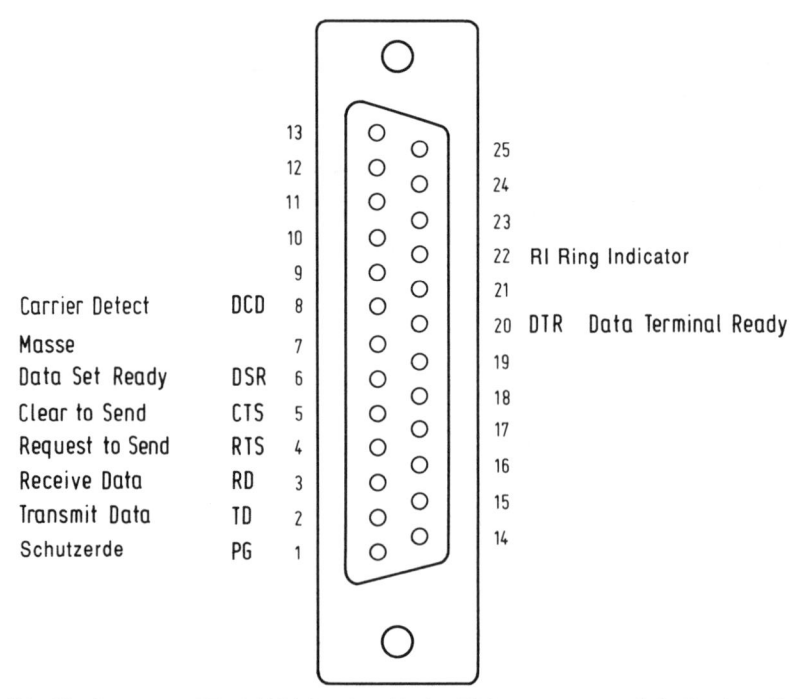

Carrier Detect	DCD	8	22	RI Ring Indicator
Masse		7	20	DTR Data Terminal Ready
Data Set Ready	DSR	6		
Clear to Send	CTS	5		
Request to Send	RTS	4		
Receive Data	RD	3		
Transmit Data	TD	2		
Schutzerde	PG	1		

Abb. 26 Genormter 25pol. V.24-Steckverbinder (Sicht von vorne auf die Steckerstifte)

2.3 V.24-Schnittstelle

Abb. 27 9pol. Steckverbinder (Sicht von vorne auf die Steckerstifte)

Pin	Signal
5	Masse
4	DTR
3	TD
2	RD
1	CD
9	RI
8	CTS
7	RTS
6	DSR

Stift-Nr.		Signal-Bezeichnung		
1	E1	Schutzerde		Protective Ground
2	D1	Sendedaten	TD	Transmit Data
3	D2	Empfangsdaten	RD	Receive Data
4	S2	Sendeteil einschalten	RTS	Request to Send
5	M2	Sendebereitschaft	CTS	Clear to Send
6	M1	Betriebsbereitschaft	DSR	Data Set Ready
7	E2	Betriebserde		Signal Ground
8	M5	Empfangssignalpegel (Träger auf der Leitung)	DCD	Data Carrier Detect
20	S1.2	Endgerät betriebsbereit	DTR	Data Terminal Ready
22	M3	Ankommender Ruf	RI	Ring Indicator
24	T1	Sendeschritt-Takt zur DÜE		Transmit Clock

DEE Datenübertragungs-Endeinrichtung
DTE Data Terminal Equipment

DÜE Daten-Übertragungs-Einrichtung
DCE Data Communication Equipment

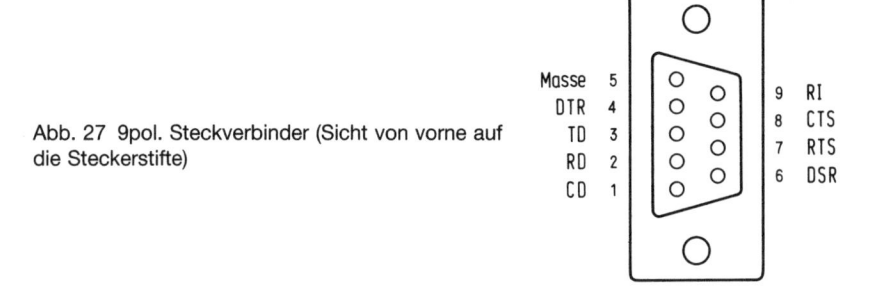

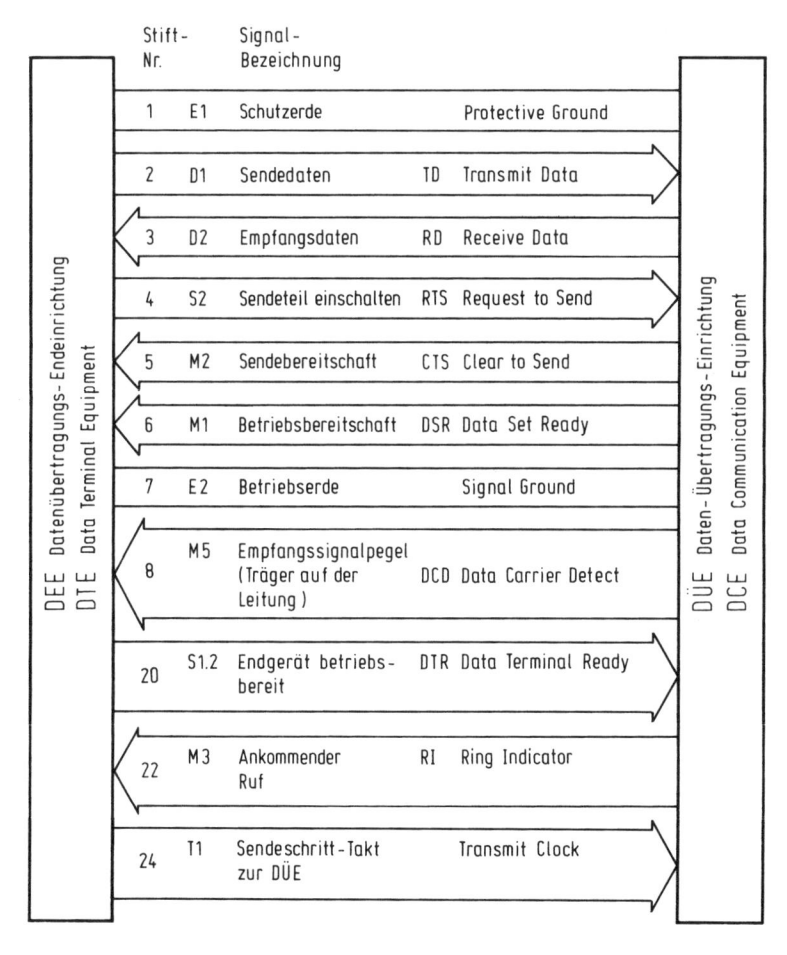

Abb. 28 V.24-Schnittstellen-Leitungen (Auswahl nach DIN 66020)

2 Interfaces

ist, daß die Signalbelegung der Pins 2 und 3 gegenüber dem großen Normstecker genau vertauscht ist. *Abb. 28* zeigt eine Auswahl der nach DIN 66020 vorgesehenen Schnittstellenleitungen. Die Gesamtzahl der von der Norm vorgesehenen Schnittstellenleitungen wird nur von den wenigsten Anwendern genutzt. Einige nutzen 9 Leitungen (die Leitungen: 1, 2, 3, 4, 5, 6, 7, 8 und 20), viele sogar nur zwei Leitungen und die Masseverbindungen (die Leitungen 2, 3, 7). Da es sich um eine serielle Übertragungsschnittstelle handelt, kommt man in vielen Fällen mit diesen drei Leitungen aus. Möchte man Geräte mit V.24-Schnittstellen einsetzen, schaue man erst in den Gerätehandbüchern nach, welche Leitungen zur Verfügung stehen, bzw. mit Signalen versorgt werden müssen (z. B. wird bei Akustikkopplern das ansonsten selten verwendete Signal CD benötigt, da es dem Rechner meldet, daß ein Träger (Pfeifton) vorhanden ist.

Zur Funktion der in Abb. 28 dargestellten Schnittstellenleitungen:

- D1 (TD): Auf dieser Leitung gibt die DEE die Daten aus.
- D2 (RD): Auf dieser Leitung werden der DEE die Daten von der DÜE zugeführt.
- S2 (RTS): Mit dieser Leitung wird die DÜE von der DEE zum Senden aufgefordert.
- M2 (CTS): Mit diesem Signal zeigt die DÜE der DEE ihre Sendebereitschaft an.
- M1 (DSR): Ein aktives Signal auf dieser Leitung zeigt an, daß die DÜE betriebsbereit ist und kein Defekt vorliegt.
- M5 (DCD): Mit einem aktiven Signal auf dieser Leitung teilt die DÜE der DEE mit, daß an ihrem Eingang ein Empfangssignal liegt, dessen Pegel innerhalb des festgelegten Toleranzbereichs liegt.
- T2 (TC): Auf dieser Leitung wird der DEE der Sendeschrittakt von der DÜE zugeführt.
- T4 (RC): Auf dieser Leitung wird der DEE der Empfangsschrittakt zugeführt.
- S1.2 (DTR): Auf dieser Leitung teilt die DEE mit, daß sie betriebsbereit ist.
- M3 (RI): Auf dieser Leitung teilt die DÜE der DEE mit, daß eine Gegenstation mit ihr in Verbindung treten will. Es ist ein typisches Modem-Signal.
- T1 Auf dieser Leitung wird der DÜE der Sendeschrittakt zugeführt.

2.3 V.24-Schnittstelle

Das V.24-Handshake-Verfahren

Abb. 29 zeigt beispielhaft einen möglichen Signalverlauf einer V.24-Schnittstelle, wobei die Datenendeinrichtung einmal als Sender und im anderen Fall als Empfänger wirkt. Die Pfeile an den Signalbezeichnungen deuten an, daß es sich um ein Signal handelt, das zur DEE hinführt (Eingangssignal) oder von der DEE abgeht (Ausgangssignal).

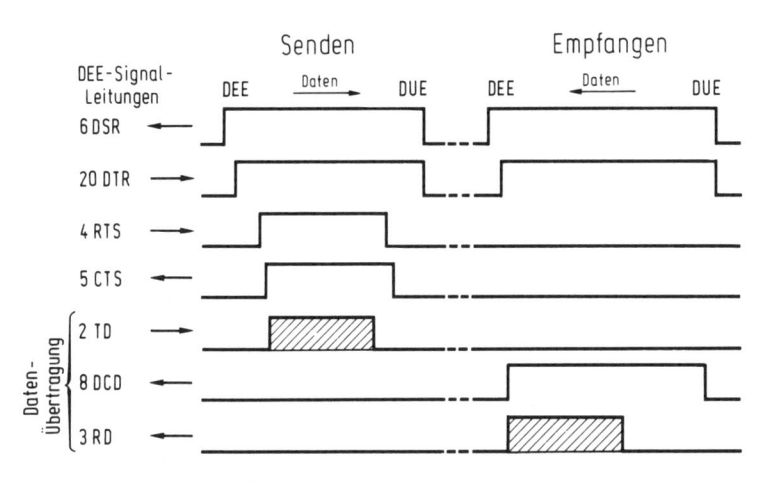

Abb. 29 Signalflußplan für eine V.24-Schnittstelle

Elektrische Eigenschaften

Abb. 30 zeigt die nach V.28 den Pegeln „H" und „L" zugeordneten Spannungsbereiche. Die angegebenen 25 Volt stellen den maximal zulässigen Betrag der Signalspannungen dar. Die Zuordnung zu den logischen Werten zeigt die folgende Tabelle:

	Signalpegel	
	H	L
Steuer- und Meldesignale	aktiv (Ein-Zustand)	inaktiv (Aus-Zustand)
Datenleitungen RD, TD	0 (engl.: space)	1 (engl.: mark)
	Start-Bit	Stop-Bit

2 Interfaces

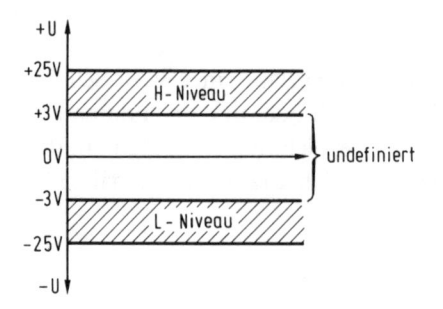

Abb. 30 Spannungspegel für L- und H-Niveau bei der V.24-Schnittstelle

Wie man aus der Tabelle entnimmt, sind Steuer- und Meldesignale High-aktiv und Datensignale Low-aktiv. Das Startbit ist durch ein High-Signal und das Stopbit durch ein Low-Signal auf der Datenleitung gekennzeichnet.

Datenübertragung und -formatierung

Die Datenübertragung erfolgt bei der V.24-Schnittstelle, wie bereits erwähnt, bitseriell. Dabei werden die Bits in der Reihenfolge ihrer Wertigkeit übertragen, d. h. Bit 0 zuerst und Bit 7 zuletzt. Vor der Übertragung des ersten Bit wird ein Startbit gesendet und nach der Übertragung des letzten Bit ein bis zwei Stopbit gesendet (*Abb. 31*). Die Codierung der zu übertragenden Daten ist nicht festgelegt. Meist findet jedoch der ISO-7-Bit bzw. der ASCII Anwendung. Das 8. Bit (Bit 7) wird häufig als Paritybit verwendet.

Die Übertragungsgeschwindigkeiten (Baudraten) sind innerhalb eines vorgegebenen Rasters frei wählbar. Die maximale Übertragungsgeschwindigkeit der V.24 beträgt nach DIN 20 kBit pro Sekunde. Gebräuchliche Baudraten sind:

75; 110; 135; 150; 300; 600; 1200; 2400; 4800; 9600; 19200 (Bit/s). Damit es nicht zu Fehlinterpretationen von Daten kommt, muß vor Beginn der

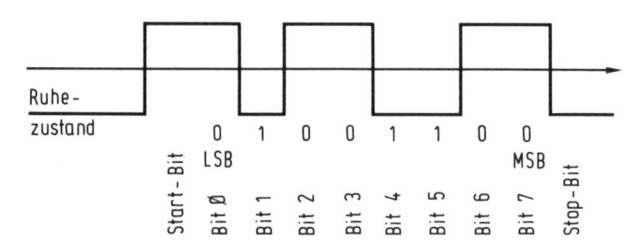

Abb. 31 Signalverlauf auf der TD/RD-Leitung (bei Übertragung einer „2" = 32 im ASCII. Bit 7 ist das Parity-Bit)

66

2.3 V.24-Schnittstelle

Datenübertragung die Baudrate festgelegt werden und müssen beide Geräte, sofern sie eigene Taktgeber haben, auf diese Baudrate eingestellt werden. Des weiteren muß vorweg die Anzahl der Stop-Bit, die Wortlänge (7 oder 8 Bit) und die Parität (gerade, ungerade, kein Paritybit) festgelegt werden.

Die Verbindung von DEE-Geräten

Bei V.24-Schnittstellen wird jeder Ein-/Ausgangssignal-Anschluß der DEE mit dem gleichen Ein-/Ausgangssignal-Anschluß der DÜE verbunden. Da der Einsatz von Daten-Übertragungseinrichtungen (Modems) für Entfernungen von wenigen Metern unsinnig ist, werden vielfach Datenendeinrichtungen (z. B. Computer und Drucker) direkt miteinander verbunden. In diesem Fall ist die Verwendung der oben erwähnten 1:1-Verbindung nicht mehr möglich. Die einfachste Lösung besteht darin, die entsprechenden Leitungspaare (RD/TD, CTS/RTS und DSR/DTR) über Kreuz zu verbinden (*Abb. 32*). Diese Verbindungsart wird gelegentlich als Nullmodem bezeichnet. Neben dieser Lösung gibt es noch eine Vielzahl von Varianten. Sie berücksichtigen teilweise die Leitung Nr. 8 (z. B. in *Abb. 33*) und kommen mit einer unterschiedlichen Anzahl von Verbindungsleitungen aus. Der Extremfall ist eine Drei-Leitungs-Verbindung (*Abb. 34*). Falls eine Kabel-

Abb. 32 Verbindung zweier Daten-Endeinrichtungen (Nullmodem)

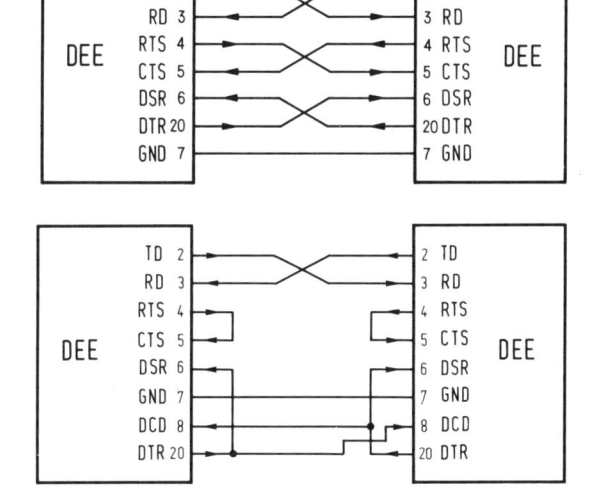

Abb. 33 Verbindung zweier Daten-Endeinrichtungen

2 Interfaces

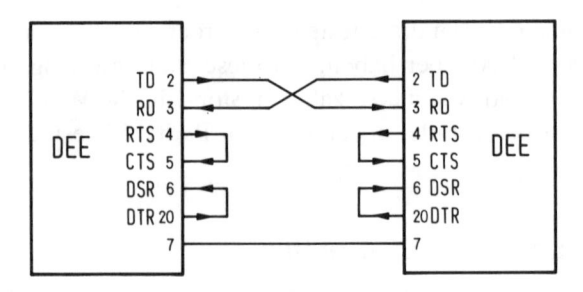

```
          TD  2 ─────┐  ┌───── 2 TD
          RD  3 ─────┼──┘  ─── 3 RD
          RTS 4 ──┐            4 RTS
   DEE    CTS 5 ──┘            5 CTS   DEE
          DSR 6 ──┐            6 DSR
          DTR 20 ─┘            20 DTR
          7 ─────────────────  7
```

Abb. 34 Minimallösung für die Verbindung zweier Daten-Endeinrichtungen

Abschirmung vorhanden ist, legt man diese an Anschluß 1. Da im letzten Fall keine Handshake-Verbindungen mehr zwischen den beiden Geräten bestehen, muß der Handshake per Software durchgeführt werden, z. B. mit den ASCII-Zeichen XON/XOFF (<CTRL>-Q, <CTRL>-S). Wenn keine der angegebenen Schaltungen mehr funktioniert, hilft nur noch das Handbuch des Geräteherstellers weiter.

Handelt es sich um den Anschluß eines Druckers an einen Computer, kann man die Leitung 2 als Daten-Sendeleitung mit dem Drucker und die Leitung 5 als Quittierleitung mit dem Busy-Ausgang des Druckers verbinden.

Gelegentlich werden V.24-Schnittstellen mit Hilfe von Parallel-Ein-/Ausgabebausteinen (z. B. Intel 8255) softwaremäßig nachgebildet. Da diese Bausteine TTL-Pegel liefern, müssen die Signale auf V.24-Pegel umgesetzt werden. Das ist wegen der erforderlichen negativen Pegel meist aufwendig. Hier hilft der integrierte Baustein ICL232 von Intersil bzw. MAX232 von MAXIM, der die benötigte negative Hilfsspannung im IC aus einer einzigen positiven Versorgungsspannung selbst erzeugt. Statt der meist erforderlichen zwei Bausteine des obigen Typs läßt sich auch ein IC MAX238 verwenden.

2.4 Die Centronics-Parallelschnittstelle

Die von der Firma Centronics zur Ansteuerung von Druckern entwickelte Schnittstelle ist nicht genormt, hat sich aber zur Quasi-Schnittstelle im PC-Bereich entwickelt. Sie arbeitet mit paralleler Datenübertragung. Die maximale Entfernung zwischen Sender und Empfänger beträgt 8 m, da Leitungskapazitäten zu Kopplungen und Signalverformungen führen. Heute verdrillt man ungern die Signalleitungen mit den jeweils im Stecker gegenüberliegen-

2.4 Centronics-Parallelschnittstelle

den Masseleitungen (Twisted-Pair-Verdrahtung). Aus diesem Grund empfehlen viele Druckerhersteller eine maximale Leitungslänge von 3 Metern. Die Übertragungsgeschwindigkeit ist hardwareabhängig. Sie kann theoretisch 1 MByte/s betragen, jedoch dürfte die maximale Leitungslänge dann 1 m betragen. Die Schnittstelle verwendet TTL-Pegel, was ihren Aufbau besonders vereinfacht.

Schnittstellenleitungen und ihre Funktionen

Abb. 35 gibt die Stiftbelegung des 36pol. Steckers (Amphenol-Serie 57) und die des neuerdings auch verwendeten 25poligen Subminiatur-D-Steckers wieder. Zur Funktion der aufgeführten Schnittstellenleitungen:

- Strobe (Low-aktiv)
  Diese Leitung wird vom Computer aktiviert, wenn er Daten an den Drucker übergeben will.
- Data 1 bis 8
  Datenleitungen
- Acknowledge (Low-aktiv)
  Hat der Drucker die übernommenen Daten verarbeitet, gibt er für maximal 30 µs auf dieser Leitung ein Quittiersignal aus.

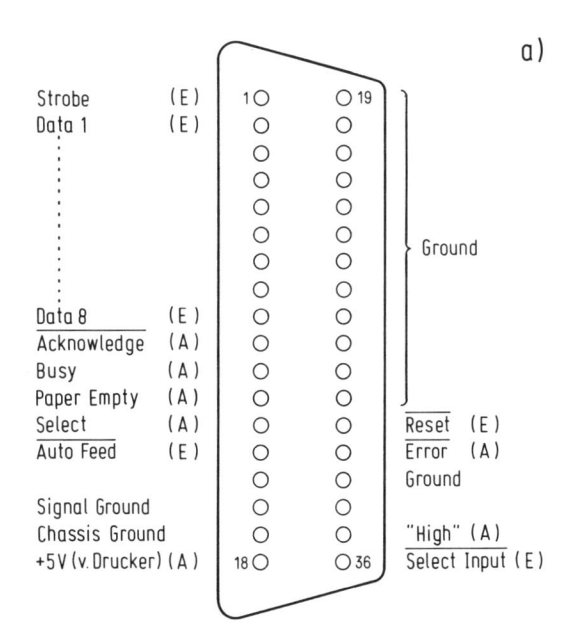

Abb. 35 Pinbelegung der Centronics-Schnittstelle
(E = Eingang, A = Ausgang)
a) des 36pol. Steckers

2 Interfaces

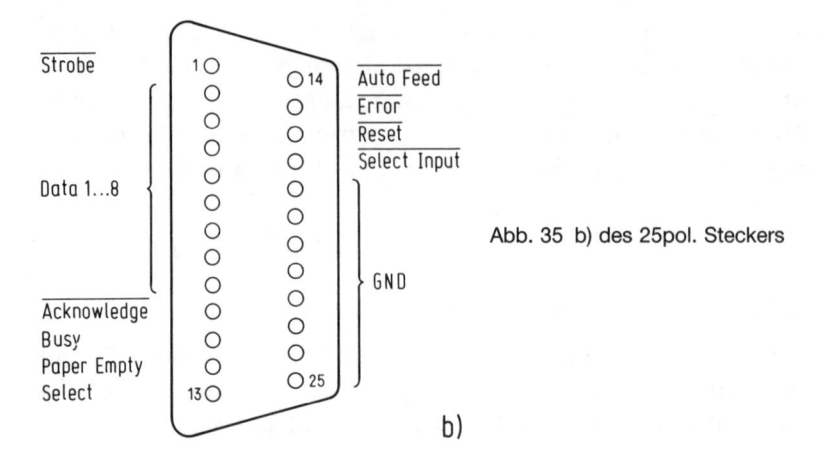

```
Strobe      1 O      O 14   Auto Feed
            O        O      Error
            O        O      Reset
            O        O      Select Input
Data 1...8  O        O
            O        O
            O        O      Abb. 35 b) des 25pol. Steckers
            O        O
            O        O   } GND
Acknowledge O        O
Busy        O        O
Paper Empty O        O
Select      13 O     O 25
                            b)
```

- Busy
  Während der Drucker Daten übernimmt oder ausdruckt, bei Auftreten eines Fehlers und im Off-Line-Zustand ist dieses Signal aktiv.
- Paper Empty (Papierende)
  Dieses Signal ist aktiv, bis neues Papier eingespannt ist.

- Select
  Mit diesem Signal meldet der Drucker, daß er angewählt und aktiv ist.

Die weiteren Signale gehören nicht zum Standard. Sie sind in neuerer Zeit hinzugekommen und nicht bei allen Druckern vorhanden.

- Autofeed (Low-aktiv)
  Ist dieses Signal aktiviert, führt der Drucker am Ende jeder Zeile automatisch einen Zeilenvorschub aus.
- Reset (Low-aktiv)
  Über diese Leitung läßt sich der Drucker in einen definierten Anfangszustand versetzen.
- Error (Low-aktiv)
  Dieser Ausgang ist aktiv, wenn ein Fehler auftrat oder der Drucker Off-Line ist.
- Select Input (Low-aktiv)
  Über ein aktives Signal auf dieser Leitung erfolgt die Anwahl des Drukkers.

Für den normalen Druckerbetrieb reichen die sieben oder acht Datenleitungen sowie das Strobe- und das Busy-Signal (oder Acknowledge-Signal) aus.

Von den beiden Signalen Busy und Acknowledge genügt praktisch eines, um die Empfangsbereitschaft des Druckers festzustellen.

Centronics-Handshake

In *Abb. 36* ist die zeitliche Abfolge der Signale bei der Übertragung von Daten dargestellt. Das Quittierverfahren (Handshake) läuft folgendermaßen ab: minimal 500 ns, nachdem ein Datum mit 7 oder 8 Bit Breite auf den Datenleitungen erschienen ist, gibt das datensendende Gerät (Computer) ein Übernahmesignal (Strobe) von minimal 500 ns Dauer ab. Spätestens nach 500 ns meldet der Drucker mit dem Busy-Signal, daß er mit der Verarbeitung des Datums beschäftigt ist. Dieses Signal kann länger anstehen, wenn z. B. der Druckerpuffer voll ist und erst durch Ausdrucken der zwischengespeicherten Daten neuer Platz geschaffen werden muß. Dann wird das Acknowledge-Signal aktiv. Hier hat die Firma Epson gegenüber dem Centronics-Standard eine Änderung eingeführt: Bei Centronics folgt das Acknowledge-Signal spätestens 10 µs, nachdem das Busy-Signal inaktiv wurde, während das Signal bei Epson bereits etwa 7 µs vor der Abfallflanke des Busy-Signals erscheint. Bei Matrixdruckern gilt: Der Drucker beginnt mit dem Ausdruck einer Zeile, wenn der Eingabepuffer alle Daten für eine Druckzeile übernommen hat oder ein CR-Zeichen (Carriage Return = Wagenrücklauf) erscheint – als Steuerinformation, daß alle zu druckenden Zeichen einer Zeile übernommen wurden.

Verwendet man einen Drucker, der an der seriellen Schnittstelle angeschlossen ist, oder hat man mehrere Centronics-Schnittstellen, kann man sie

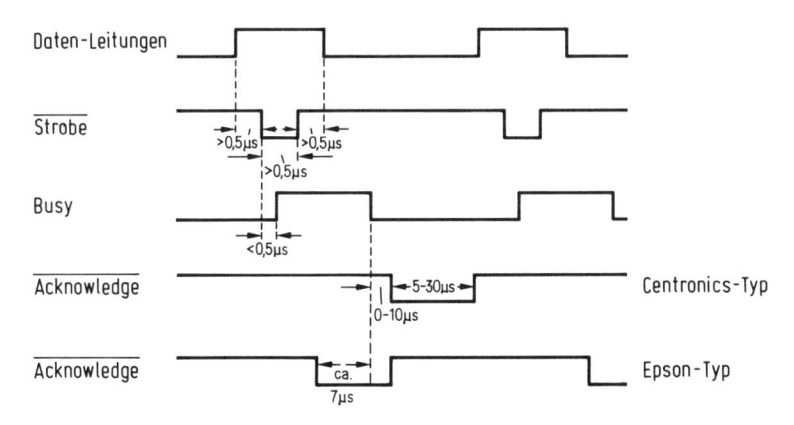

Abb. 36 Signalflußplan der Centronics-Schnittstelle

2 Interfaces

auch für die in diesem Buch beschriebenen Meß-, Steuer- und Regelschaltungen verwenden. (Beim PC liegen die parallelen Schnittstellen auf folgenden Port-Adressen: LPT 1: 3BCh bis 3BEh, LPT 2: 378h bis 37Ah, LPT 3: 278h bis 27Ah.)

2.5 Spezialinterface

Wie bereits zu Anfang von Kapitel 2 gesagt, dienen Schnittstellen dem Dialog des Prozessors mit den Peripheriegeräten. Will der Prozessor von der Peripherie Daten einlesen oder Daten an die Peripherie ausgeben, muß die Schnittstelle aktiviert werden. Dies geschieht am einfachsten über eine Adresse. Hierbei gibt es zwei verschiedene Verfahren: die „speicherbezogene Ein-/Ausgabe" (engl. memory mapped I/O) und die „isolierte Ein-/Ausgabe" (engl. isolated I/O).

Bei der speicherbezogenen E/A werden die einzelnen Interface-Bausteine wie die Speicherplätze eines Speichers angewählt; jeder Baustein hat also seine genau definierte Adresse. Die Adressen aller E/A-Bausteine zusammen bilden den E/A-Adreßraum. Dieser kann lückenlos an den ROM-/RAM-Adreßraum anschließen (*Abb. 37a*). Das Interface benötigt nun eine Decodierlogik, die, wenn seine Adresse auf dem Adreßbus anliegt, ein Signal zur Aktivierung seiner Komponenten und zur Steuerung des Datenaustauschs erzeugt. Die Aktivierung der meisten heute angebotenen Interface-Bausteine geschieht mit dem Signal „Chip Select" (kurz: CS).

Die speicherbezogene E/A schränkt den für RAM und ROM zur Verfügung stehenden Adreßraum ein. Der Vorteil ist aber, daß man die Vielzahl der den Speicher ansprechenden Befehle des Prozessors auch für die Ein-/Ausgabe verwenden kann. Damit lassen sich arithmetische und logische

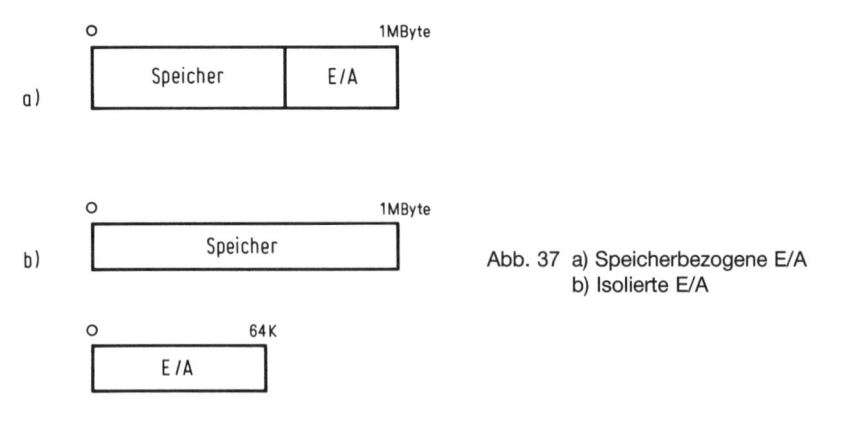

Abb. 37 a) Speicherbezogene E/A
b) Isolierte E/A

Verknüpfungen der an den Kanälen liegenden Daten mit den Internregistern durchführen und lassen sich Daten zwischen jedem Internregister und einem beliebigen Kanal austauschen. Das bedeutet erhöhte Flexibilität bei der Programmierung.

Bei vielen technischen Anwendungen nimmt man jeweils die Hälfte des zur Verfügung stehenden Adreßraums für Speicher und E/A. Da Bit 19 (das 20. Bit!) ab 512 KByte auf 1 gesetzt ist, läßt sich durch einfaches Abfragen dieses Bit entscheiden, ob es sich um einen Speicher- oder einen E/A-Zugriff handelt, was eine einfache Adreßdecodierung ermöglicht.

Bei der isolierten E/A (*Abb. 37b*) bilden Speicher und E/A-Bausteine zwei separate Einheiten mit eigenen Adreßräumen. Dazu benötigt die E/A eigene Steuer- und Adreßleitungen. Um den Aufwand nicht allzu hoch zu treiben, verwendet man meist einen Teil der Leitungen des Mikroprozessor-Adreßbusses mit (beim 8086/8088 die Leitungen AD0 bis AD15) und benötigt nun noch zusätzliche Steuerleitungen (beim PC: IOR und IOW). Diese Doppel-Benutzung des Adreßbusses bietet sich an, da der Mikroprozessor nicht gleichzeitig auf den Speicher und auf die E/A zugreifen muß. Mit den 16 Adreßleitungen kann man 64 K E/A-Adressen ansprechen – eine vergleichsweise große Zahl, die kaum jemand ausnutzen wird.

Bei der isolierten E/A stehen lediglich zwei Befehle zur Verfügung: ein Ein- und ein Ausgabebefehl. Die Daten werden grundsätzlich über den Akkumulator (AL- bzw. AX-Register) ein- bzw. ausgegeben. Das macht die Programmierung – vor allem auf der Assemblerebene – etwas schwerfällig. Da aber der Bedarf an Speicherplätzen stetig zunimmt, hat man sich beim PC für die isolierte E/A entschieden.

Die heute von den Mikroprozessor-Herstellern angebotenen E/A-Bausteine sind nicht mehr nur einfache Strom- bzw. Spannungsverstärker, dienen also nicht nur der Anpassung der Spannungs- bzw. Leistungspegel von Prozessor und Peripherie, sondern nehmen auch eine zeitliche Anpassung der langsamen Peripherie an den schnellen Prozessor vor, das heißt, sie haben Zwischenspeicher (Register), um die Daten festzuhalten. So können beispielsweise die vom Mikroprozessor über den Datenbus kommenden Daten zwischengespeichert und von dort je nach Bedarf vom peripheren Gerät abgerufen werden. Der Prozessor kann sofort nach der Übertragung in seinem Programm fortfahren und muß nicht auf die Datenübernahme durch das externe Gerät warten. Teilweise führt das Interface auch das Quittierverfahren (Handshake) mit dem Peripheriegerät durch.

Komplexere Bausteine haben meist zwei oder drei Kanäle (engl.: ports), die auf Ein- oder Ausgabe geschaltet werden können. Dieses Umschalten geschieht kaum noch hardwaremäßig – durch Löten oder Stecken von Drahtbrücken (engl.: Jumper) –, sondern softwaremäßig, genauer gesagt,

2 Interfaces

```
                    Daten-Bus    Adreß-Bus
                       ⇅            ⇓
  | | | |  ┌─────────────────────────────┐
  RD WR CS  Reset  D₀–D₇    A₀ A₁
           │                             │           Abb. 38 Blockdiagramm des 8255
           │                             │
           │  PA₀–PA₇  PC₀–PC₃  PC₄–PC₇  PB₀–PB₇  │
           └─────────────────────────────┘
              ⇅        ⇓        ⇓        ⇅
              PA       PC       PC       PB
```

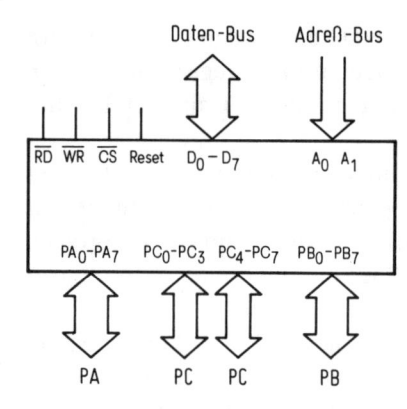

Abb. 38 Blockdiagramm des 8255

durch ein Steuerwort, das vom Prozessor über den Datenbus in ein Register der Steuerlogik geschrieben wird. Man kann so den Baustein besonders einfach an die jeweils anzusteuernden Ein- bzw. Ausgabegeräte anpassen. Da das Steuerregister, wie alle andern Register auch, beim Abschalten der Spannung seine Information verliert, muß dieses Programmieren des Bausteins in einer Initialisierungsphase nach jedem Einschalten neu erfolgen. Man kann aber auch einen Kanal abwechselnd auf Ein- oder Ausgabe programmieren und so einen Duplexbetrieb (genauer: Semi-Duplex) realisieren.

Betrachten wir als Vertreter der etwas komplexeren Interface-Bausteine den für die Parallelausgabe von Daten vielverwendeten Baustein 8255 von Intel. Anhand dieses Bausteins soll die Entwicklung eines Interfaces erfolgen, das sich gut zur Ansteuerung der in diesem Buch vorgestellten Schaltungen der Meß-, Steuer- und Regeltechnik eignet. Dabei sollen die auftretenden Probleme besprochen werden.

Abb. 38 zeigt sein Blockdiagramm. Es hat drei Kanäle (A, B und C) mit je acht Anschlüssen, weshalb pro Übertragungsvorgang die Parallelübertragung von je einem Byte möglich ist. Die Kanäle (Ports) tragen die Kurzbezeichnungen PA, PB, PC. Auch bei den Anschlußstift-Bezeichnungen finden diese Abkürzungen Verwendung (*Abb. 39*), z. B. PB0 oder PB7, womit der Anschlußstift 0 bzw. 7 von Kanal B gemeint ist (in der englischen Mikroprozessor-Literatur werden bei Bus-Systemen und E/A-Kanälen die Anschlüsse bzw. Leitungen entsprechend der Wertigkeit der an ihnen liegenden Binärstellen bezeichnet; der Anschluß für die Einerstelle hat also den Index 0, z. B. PC0, der für die höchstwertige Stelle den Index 7.

Jeder dieser Kanäle des 8255 kann als Ein- oder Ausgabekanal arbeiten. Seine jeweilige Funktion wird durch Eingabe eines Steuerworts über den

2.5 Spezialinterface

```
PA3  [ 1       40 ] PA4
PA2  [ 2       39 ] PA5
PA1  [ 3       38 ] PA6
PA0  [ 4       37 ] PA7
RD   [ 5       36 ] WR
CS   [ 6  8255A 35 ] Reset
GND  [ 7       34 ] D0
A1   [ 8       33 ] D1
A0   [ 9       32 ] D2
PC7  [ 10      31 ] D3
PC6  [ 11      30 ] D4
PC5  [ 12      29 ] D5
PC4  [ 13      28 ] D6
PC0  [ 14      27 ] D7
PC1  [ 15      26 ] Vcc
PC2  [ 16      25 ] PB7
PC3  [ 17      24 ] PB6
PB0  [ 18      23 ] PB5
PB1  [ 19      22 ] PB4
PB2  [ 20      21 ] PB3
```

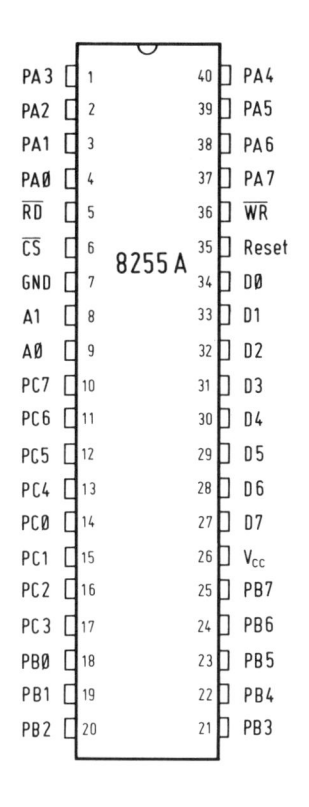

Anschlußbezeichnungen

$D_0 - D_7$	Daten-Bus (Zweiweg)
RESET	Rücksetz-Eingang
$\overline{CS}$	Baustein-Auswahl
$\overline{RD}$	Lese-Eingang
$\overline{WR}$	Schreib-Eingang
A0, A1	Kanal-Adresse
$PA_0 - PA_7$	Kanal A (Bit 0 bis 7)
$PB_0 - PB_7$	Kanal B (Bit 0 bis 7)
$PC_0 - PC_7$	Kanal C (Bit 0 bis 7)
V_{cc}	Versorgungsspannung (+ 5V)
GND	Masse (0 V)

Abb. 39 Anschlußbelegung und Anschlußbezeichnungen des Bausteins 8255

Datenbus in die Steuerlogik des Bausteins festgelegt. Der Baustein hat nur 2 Adreßanschlüsse. Mit ihnen lassen sich vier verschiedene Datenwege adressieren: die Kanäle A, B, C und ein Register der Steuerlogik, das die Funktion des Bausteins festlegt.

Bei der Vielzahl möglicher E/A-Adressen kann kein IC-Hersteller einen Baustein mit eingebautem Adreßdecoder liefern, der sich direkt an den Adreßbus des Systems anschließen ließe. Zur Adressierung des Bausteins hat der Hersteller daher nur den Chip-Select-Anschluß vorgesehen. Der Anwender, der den Baustein einsetzt, muß sich selbst um das Ausdecodieren der Adresse bemühen. Dazu bieten sich verschiedene Verfahren an, die im folgenden besprochen werden.

Zunächst muß erst einmal die Adresse festgelegt werden, mit der das Interface angesprochen werden soll. Wir nehmen hier den Adreßbereich, der beim PC für Prototypen-Karten vorgesehen ist: 300h bis 31Fh (der PC verwendet von den 16 Adreßleitungen, die der Prozessor für die isolierte E/A anbietet, nur 10 Bit!). Dieser Bereich enthält 32 mögliche Adressen. Für

2 Interfaces

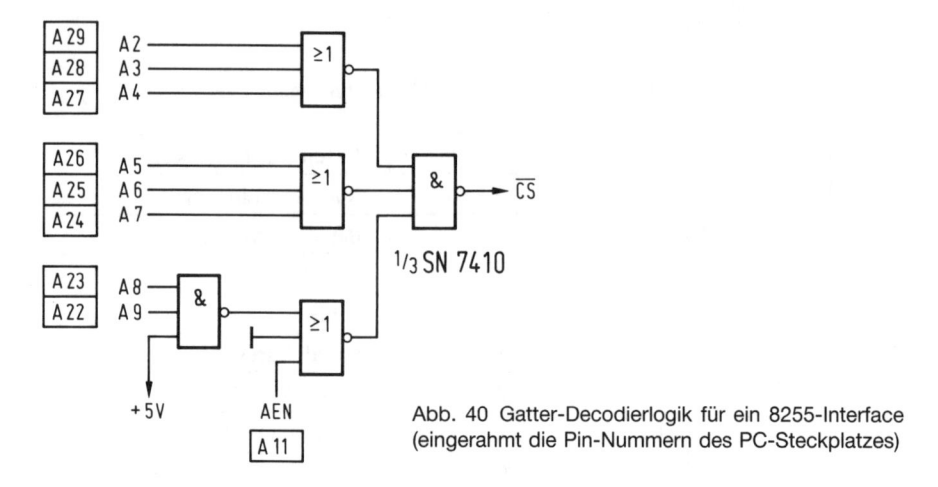

Abb. 40 Gatter-Decodierlogik für ein 8255-Interface (eingerahmt die Pin-Nummern des PC-Steckplatzes)

das 8255-Interface werden vier Adressen benötigt. Es sollen die Adressen 300h bis 303h sein – in binärer Form:

```
     1 1  0 0 0 0 0 0 0 0
bis  1 1  0 0 0 0 0 0 1 1
```

Die niederwertigen Bit A0 und A1 werden direkt mit den entsprechenden Adreßeingängen des 8255 verbunden. Die restlichen müssen decodiert werden.

Das läßt sich mit einem Gatter-Netzwerk machen (*Abb. 40*). Man kann aber auch die jeweils anliegende Adresse in einem 8-Bit-Komparator mit der vorgegebenen Soll-Adresse vergleichen (*Abb. 41*). Bei Übereinstimmung (P=Q) wird der 8255 aktiviert. Sieht man statt der festen Verbindungen der Eingänge mit High- und Low-Pegel einen DIL-Schaltersatz vor, so läßt sich die Anwahl-Adresse des Interfaces per Kippschalter einstellen.

Die dritte Möglichkeit besteht darin, ein EPROM als Decoder zu verwenden (*Abb. 51*). Man muß es so programmieren, daß auf der Adresse:

    1 1 0 0 0 0 0 0

eine „0" steht und auf allen anderen Adressen eine „1". Diese, wegen des EPROM-Programmierens etwas aufwendige Lösung bietet sich vor allem an, wenn man mit speicherbezogener E/A arbeitet und Adressen mit größerer Stellenzahl decodieren muß (man könnte bei diesem Interface auch alle 16 Bit des Adreßbusses heranziehen!).

Versuche ergaben, daß man bei den drei Schaltungen (Abb. 40 bis 42) die Leitung AEN auch weglassen kann.

2.5 Spezialinterface

Abb. 41 Decodierlogik mit Komparator für ein 8255-Interface (eingerahmt die Pin-Nummern des PC-Steckplatzes)

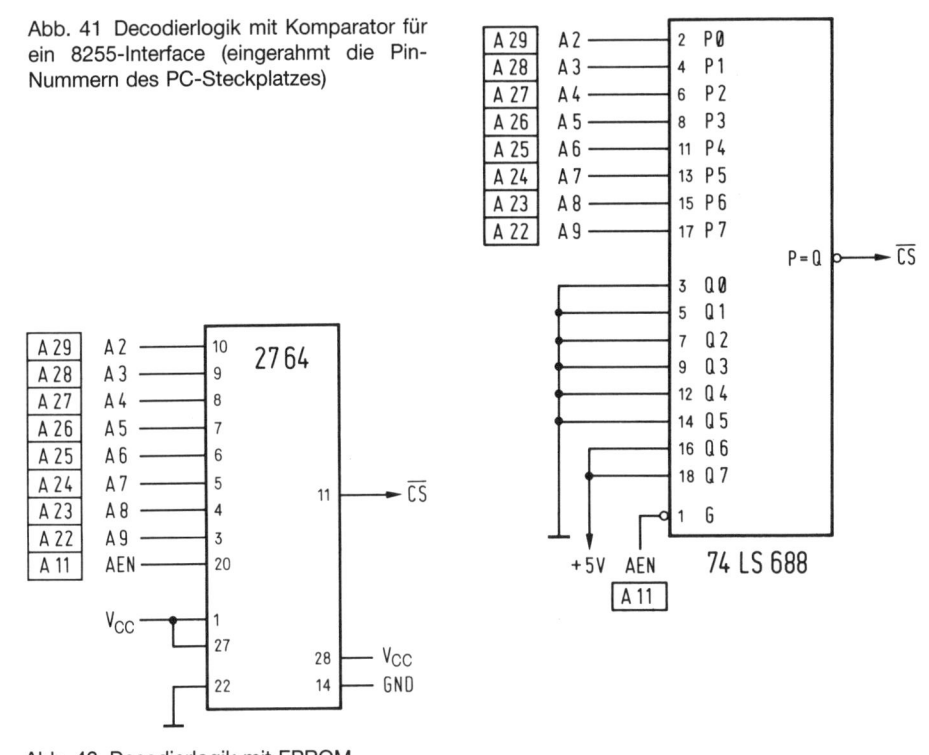

Abb. 42 Decodierlogik mit EPROM

Bei Abb. 40, 41 und 42 muß der für AEN vorgesehene Anschluß mit Masse verbunden werden. Wer sich zudem nicht auf die beim PC nur verwendeten 10 Adreßbit beschränken will, kann die Decodierlogik besonders einfach aufbauen. Da zur Zeit alle E/A-Adressen ab 4000h frei sind, kann man eine besonders einfach zu decodierende Adresse nehmen, z. B.

1111 1111 1111 11XX (XX ist an A0 und A1 vom 8255 angeschlossen).

Damit ergeben sich die Hex-Adressen FFFC bis FFFF. Die 14 1-Bits (minimal neun davon müssen abgefragt werden, damit man in den Bereich ab 4000h kommt) lassen sich durch einfache Und-Gatter decodieren.

Die vom 8255 ansonsten benötigten Steuersignale liegen auf den Stecksockeln im PC vor (siehe *Abb. 43*). Da der 8255 ein- und ausgeben kann, braucht er eine Angabe über die gewünschte Datenrichtung. Dazu wird sein Anschluß RD (Read) mit dem Signal IOR und sein Anschluß WR (Write) mit dem Signal IOW des PCs verbunden. Der Reset-Eingang des 8255 wird,

2 Interfaces

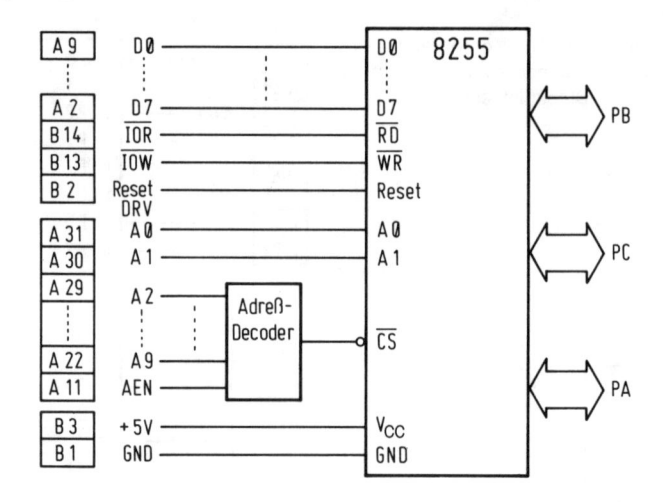

Abb. 43 8255-Parallelinterface (eingerahmt: die Pin-Nummern des PC-Steckplatzes)

um nach dem Einschalten des Geräts einen definierten Anfangszustand zu haben, mit dem Signal-Reset DRV des PCs verbunden. Man kann aber auch den Reset-Anschluß des 8255 auf Masse legen.

Statt der angegebenen ICs können auch LS- bzw. C-Typen verwendet werden; dadurch wird die Belastung der Signale des PC vermindert. Wer die Computer-Busse schon stark belastet hat, sollte auf alle Fälle einen bidirektionalen Treiber (z. B. 74LS245) verwenden. Dessen Richtungs-Eingang (DIR) wird mit IOR verbunden. Wer mit einem 16-Bit-Interface arbeiten möchte (z. B. bei einem AT-System), kann zwei 8255 parallel verwenden. Die Steuer- und Adreßleitungen werden bei beiden ICs parallel angeschlossen; lediglich die Datenleitungen des zweiten ICs werden an die Datenleitungen D8 bis D15 angeschlossen.

Die Zuordnung der Kanäle des 8255 zu den gewählten Adressen zeigt die folgende Tabelle:

A1	A0	Datenfluß	Adresse (hex)	(dez)
0	0	Datenbus ⟷ Kanal A	300	768
0	1	Datenbus ⟷ Kanal B	301	769
1	0	Datenbus ⟷ Kanal C	302	770
1	1	Datenbus → Steuerlogik	303	771

Die Adressen gelten nur, wenn eine der in den Abb. 40 bis 42 vorgegebenen Decodierungen (s. o.) verwendet wird.

Die Programmierung des 8255 erfolgt durch Ausgabe eines Steuerworts vom Computer. Zur Bildung des Steuerworts siehe Abb. 44a. Dazu ein Beispiel; es soll folgende Zuordnung gelten:

Kanal A Ausgabe
Kanal B Eingabe
Kanal C Eingabe.

Damit ergibt sich das folgende Steuerwort: 1 0 0 0 1 0 1 1 = 139 dezimal. (Das Betriebsarten-Kennzeichen-Bit ist bei der Programmierung stets auf 1 zu setzen!) Gewählt wurde dabei die Betriebsart 0, die im folgenden stets verwendet wird. Ein- und Ausgaben aus Hochsprachen sehen folgendermaßen aus:

BASIC:
 Eingabe: X = INP (Kanalnummer) z. B. X = INP(768) bzw. X = INP(&H300)
 Ausgabe: OUT Kanaladresse, Datum z. B. OUT 769,100 bzw. OUT &H301,100 OUT 769, A

Werden Variablen verwendet, ist darauf zu achten, daß sie als Integer deklariert werden und den Maximalwert 255 haben (8-Bit-Daten!). Wenn nicht anders vermerkt, sind die Daten und Kanal-Adressen zudem dezimal.

TURBO-PASCAL:
 Eingabe: X := PORT[$300]; bzw. X := PORT[768];
 Ausgabe: PORT[$301] :=A; PORT[769] := 128;

In der eckigen Klammer steht jeweils die Portadresse. Auf welcher Seite des Zuweisungszeichens „:=" der Befehl *PORT* steht, entscheidet darüber, ob es sich um eine Ein- oder Ausgabe handelt. Die verwendeten Variablen müssen vom Typ Byte sein.

Damit ergibt sich für die oben beschriebene Programmierung des E/A-Bausteins, entsprechend den gewählten Kanalfunktionen, der Befehl: *OUT 771,139* bzw. *PORT[771] := 139*.

Diese Programmierung des Schnittstellen-Bausteins muß unbedingt erfolgen, bevor das erste Datenwort über einen der Kanäle A, B, C ausgegeben wird.

2 Interfaces

In den Programmen dieses Buches werden keine Adressen angegeben. Statt dessen werden die Bezeichnungen: Kanal A, B, C oder Steuerlogik verwendet. Der Leser setze jeweils die speziellen Adressen seines Interfaces ein!

Für die Erzeugung von Steuersignalen in der Meß-, Steuer- und Regeltechnik können beim 8255 auf Kanal C die einzelnen Bit selektiv auf 1 oder 0 gesetzt werden. Dazu muß ein spezielles Steuerwort an die Steuerlogik ausgegeben werden. Die Formatierung dieses Steuerworts ersehe man aus *Abb. 44b*.

Steuerwort

| D7 | D6 | D5 | D4 | D3 | D2 | D1 | D0 |

Gruppe B
- Kanal C (niederwertige Bits)
  1 = Eingabe
  0 = Ausgabe
- Kanal B
  1 = Eingabe
  0 = Ausgabe
- Wahl der Betriebsart
  0 = Betriebsart 0
  1 = Betriebsart 1

Gruppe A
- Kanal C (höherwertige Bits)
  1 = Eingabe
  0 = Ausgabe
- Kanal A
  1 = Eingabe
  0 = Ausgabe
- Wahl der Betriebsart
  00 = Betriebsart 0
  01 = Betriebsart 1
  1X = Betriebsart 2

Betriebsarten-Kennzeichen-Bit
1 = aktiv

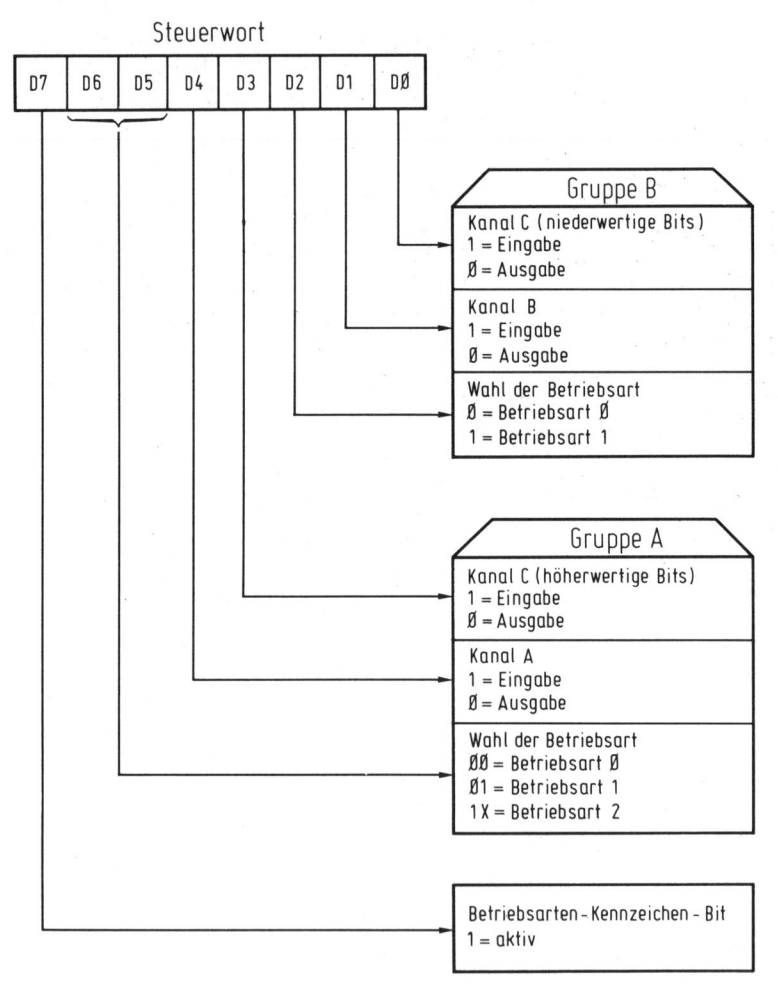

Abb. 44a Format des Betriebsarten-Steuerworts für den 8255

2.5 Spezialinterface

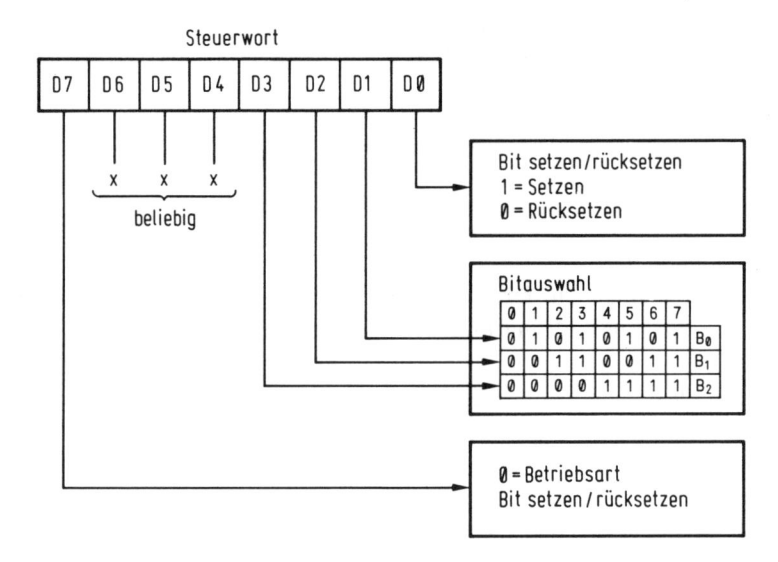

Abb. 44b Format des Bit-Setz-Rücksetz-Steuerworts

3 Messen mit PC

Zuerst muß hier gleich der Vorstellung entgegengetreten werden, daß der Computer die Anschaffung und Verwendung teurer Meßgeräte überflüssig macht. Er soll vielmehr lediglich die von externen Meßwert-Erfassungsmodulen gelieferten Werte weiterverarbeiten und formatiert anzeigen bzw. drucken.

3.1 Einführung

In Kapitel 1.2 wurden die Eigenschaften von A/D- und D/A-Wandlern und die Probleme, die bei ihrem Einsatz zu beachten sind, detailliert behandelt. Hier sollen konkrete Wandler vorgestellt werden, die bei den in den folgenden Kapiteln behandelten Anwendungsbeispielen aus der Meß-, Steuer- und Regeltechnik verwendet werden können. Sie wurden gewählt, weil sie preisgünstig sind.

Der ZN425E

Dieser Umsetzer von Ferranti hat eine Auflösung von 8 Bit und arbeitet als Treppenstufenumsetzer. Das Grundprinzip dieses Verfahrens wurde in Kapitel 1.2.1 beschrieben. Die *Abb. 45* zeigt noch einmal den Aufbau dieses Umsetzers. Vergleicht man ihn mit dem Blockschaltbild des ZN425E (*Abb. 46*), so erkennt man, daß er nur die beiden rechten Funktionsblöcke

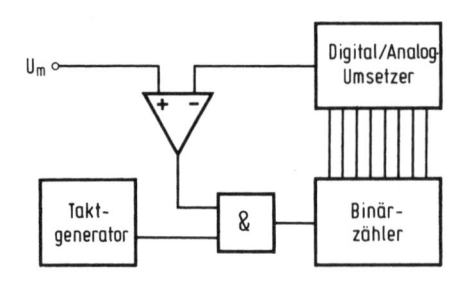

Abb. 45 Grundprinzip der Zählmethode

3.1 Einführung

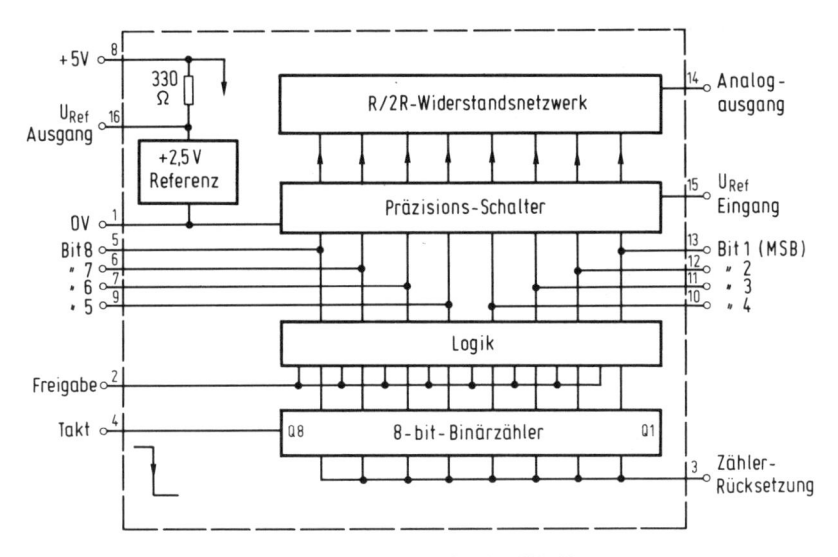

Abb. 46 Blockschaltbild des ZN 425

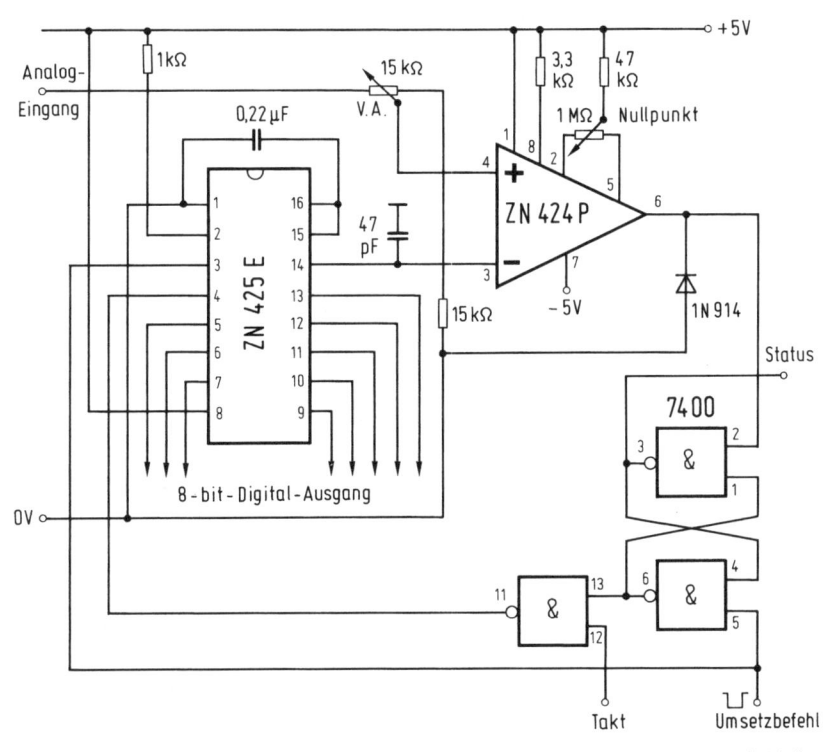

Abb. 47 Vollständige A/D-Wandler-Schaltung (V.A. = Vollausschlag; Diode beliebig!)

83

3 Messen mit PC

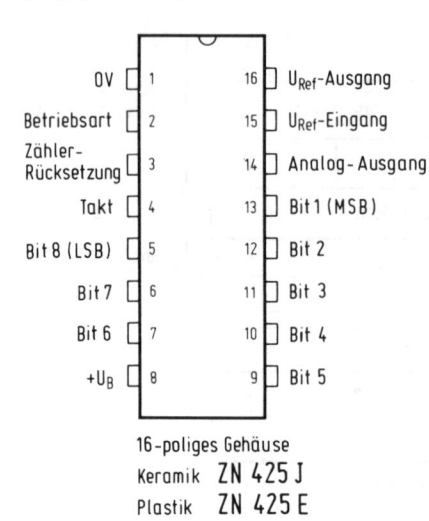

```
         0V  [ 1      16 ]  U_Ref-Ausgang
  Betriebsart [ 2      15 ]  U_Ref-Eingang
      Zähler-
  Rücksetzung [ 3      14 ]  Analog-Ausgang
        Takt [ 4      13 ]  Bit 1 (MSB)
    Bit 8 (LSB) [ 5    12 ]  Bit 2
        Bit 7 [ 6      11 ]  Bit 3
        Bit 6 [ 7      10 ]  Bit 4
         +U_B [ 8       9 ]  Bit 5

      16-poliges Gehäuse
      Keramik  ZN 425 J
      Plastik  ZN 425 E
```

Abb. 48 Sockelstiftbelegung des ZN 425 (Ansicht von oben!). Man beachte: Bit 8 ist das niederwertigste und Bit 1 das höchstwertige Bit

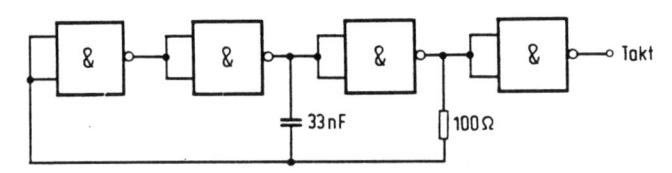

Abb. 49 Taktgenerator für die A/D-Wandler-Schaltung (IC = 7409)

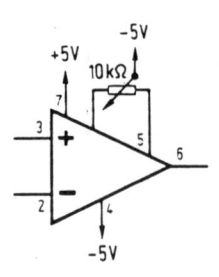

der Abb. 45 enthält. Um einen vollständigen Umsetzer zu erhalten, muß man noch einige Komponenten ergänzen.

Abb. 47 zeigt die vollständige Schaltung (Applikationsvorschlag von Ferranti). *Abb. 48* zeigt die Sockelstiftbelegung der ZN425E und *Abb. 49* eine Schaltung für den zusätzlich benötigten Taktgenerator. Statt des ZN 424P in Abb. 47 kann auch der bekannte µA 741 verwendet werden (*Abb. 50*), jedoch bereitet hier die Nullpunkt-Einstellung (Offset-Abgleich) wegen der hohen Verstärkung dieses Bausteins Schwierigkeiten. Daher sollten Wendelpotentiometer verwendet werden.

Die beiden vorgeschlagenen Operationsverstärker haben leider einen Nachteil: Sie brauchen eine negative Spannungsversorgung, die bei digitalen Schaltungen zunehmend weniger verwendet wird; −5 V sind meist noch vorhanden, aber −12 V sind selten anzutreffen. Da man immer nur positive Ausgangsspannungen für den Wandler braucht, kann man sich bei den Schaltungen meist auf ±5 V Versorgungsspannung beschränken. Möchte man die 5-V-Spannung ganz vermeiden, greife man z. B. zum Operationsverstärker-IC LM324, das vier OPs enthält, die mit einer einzigen 5-V-Versorgungsspannung auskommen (Maximalspannung 30 V).

Der ZN425E hat einen Arbeitstemperatur-Bereich von 0 bis +70 °C. Benötigt man einen größeren Bereich, verwende man den ZN425J, der von −55 bis +125 °C arbeitet.

Zum zeitlichen Ablauf der Wandlung: Die Wandlung wird gestartet, indem man an den Eingang „Umsetzbefehl" kurzzeitig ein Low-Signal legt. Dadurch wird der 8-Bit-Binärzähler gelöscht und das aus zwei Nand-Gattern bestehende RS-Flipflop zurückgesetzt. Ein Low-Niveau am Statusausgang bestätigt, daß der Wandlungsvorgang läuft. Hat der Zähler den der anliegenden Spannung entsprechenden Stand erreicht, wird das R/S-Flipflop gekippt und damit der weitere Zählvorgang abgebrochen. Ein High-Niveau am Status-Ausgang teilt dem Computer mit, daß die Wandlung beendet ist und die Daten übernommen werden können.

Der Wandler kann mit einer maximalen Taktfrequenz von 300 kHz betrieben werden, wenn man einen schnellen Komparator verwendet. Dazu muß die Kapazität des Kondensators in Abb. 49 verringert werden. Mit dem vorgeschlagenen Komparator ZN 424P (der Baustein ZN 424E hat die gleiche Funktion, aber eine etwas geänderte Pin-Belegung!) läßt sich eine Wandlungsfrequenz von ca. 100 kHz erreichen, das ergibt eine Wandlungszeit – bei maximaler Spannung – von 2,56 ms (256 Stufen müssen durchlaufen werden!). Um den höchsten Digitalwert (FFh) am Ausgang des Wandlers zu erhalten, muß eine Eingangsspannung von 2,55 V an den Eingang des Operationsverstärkers gelegt werden. Durch das vorgeschaltete Potentiometer V.A. (= Vollausschlag-Regler) kann die maximale Eingangsspannung erhöht werden. Da es sich um einen 8-Bit-Wandler handelt, beträgt der Quantisierungsfehler minimal ±5 mV.

Der ZN427E

Wenn es auf kürzere Wandlungszeiten ankommt, kann man statt des ZN425E einen Wandler verwenden, der mit sukzessiver Approximation arbeitet. Wir verwenden hier den ZN427E von Ferranti. Er hat einen

3 Messen mit PC

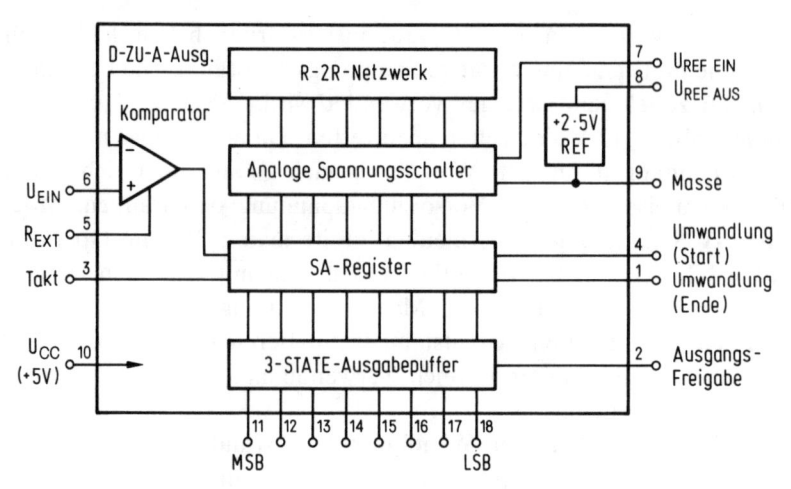

Abb. 51 Blockschaltbild des ZN427

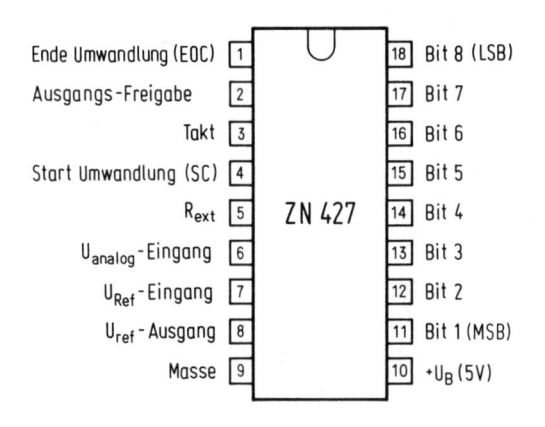

Abb. 52 Sockelstiftbelegung des ZN427 (Ansicht von oben!) Man beachte: Bit 8 ist das niederwertigste, Bit 1 das höchstwertige Bit!

Arbeitstemperatur-Bereich von 0 bis 70 °C. Benötigt man einen größeren Bereich, verwende man den ZN 427J, der von −55 bis +125 °C arbeitet.

Der Wandler hat eine Auflösung von 8 Bit und eine Wandlungszeit von 10 µs, wenn er mit 900 kHz Takt betrieben wird. Diese Zeit ist – bedingt durch das Meßverfahren (vgl. Kapitel 1.2.1) – nicht von der Eingangsspannung, sondern nur von der Taktfrequenz abhängig! *Abb. 51* zeigt das Blockdiagramm des Wandlers und *Abb. 52* seine Sockelstift-Belegung.

Die zeitliche Steuerung dieses Bausteins ist etwas kompliziert, da die Impulsflanken des Startimpulses bestimmte zeitliche Abstände zum Taktimpuls haben müssen (siehe *Abb. 53*). *Abb. 54* zeigt die Beschaltung des

3.1 Einführung

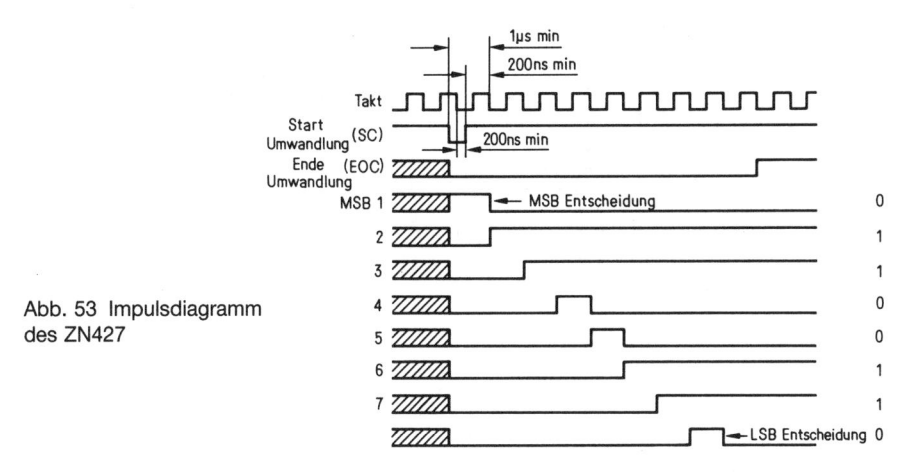

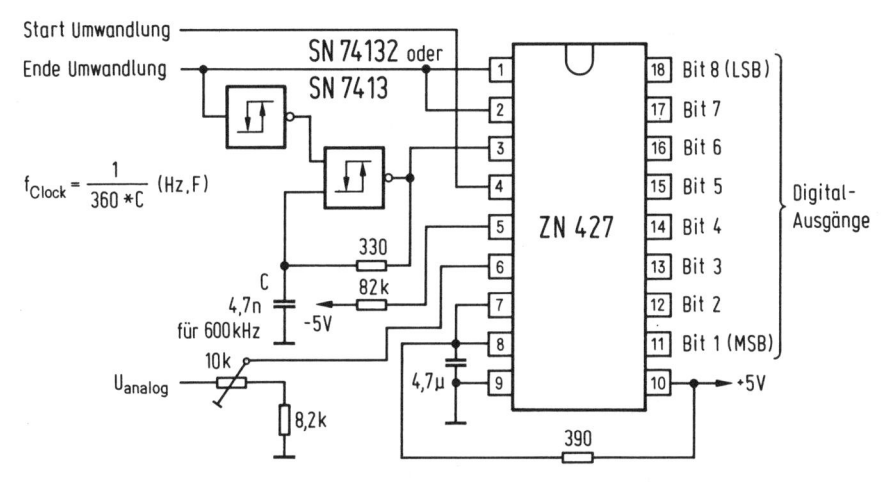

Abb. 53 Impulsdiagramm des ZN427

Abb. 54 Vollständige Beschaltung des Wandlers ZN427

Wandler-Schaltkreises zusammen mit einer möglichen, vom Hersteller vorgeschlagenen Schaltung zur korrekten Taktimpulserzeugung. Hat man nur eine negative Spannungsquelle mit −12 V, muß der 82-kΩ-Widerstand gegen einen solchen von 180 kΩ getauscht werden.

Anhand der Abb. 53 kann man auch den zeitlichen Ablauf der Wandlung erkennen. Der Startimpuls für die Umwandlung setzt alle Bits des außer dem MSB auf Null. Pro Taktimpuls wird dann ein Bit abgeprüft. Nach neun Impulsen geht das Signal am Ausgang „Ende der Umwandlung" auf High.

87

3 Messen mit PC

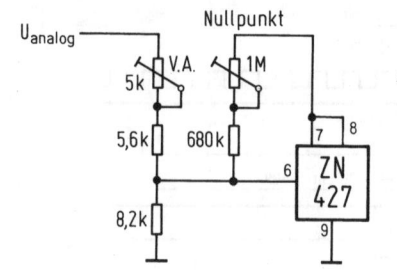

Abb. 55 Nullpunkt-Abgleich beim ZN427

Da dieser Ausgang bei dem obigen Schaltungsvorschlag mit dem Freigabeeingang verbunden ist, steht damit das Ergebnis der Wandlung an den Datenausgängen zur Verfügung.

Für Schaltungsanwendungen, bei denen es auf genaue Nullpunkt-Einstellung ankommt, schlägt der Hersteller die Schaltung nach *Abb. 55* vor. Die maximale Eingangsspannung beträgt hier 5 V.

3.2 Messen langsam veränderlicher Größen

Langsam veränderliche Größen sind, bezogen auf die Verarbeitungsgeschwindigkeit eines mit einer problemorientierten Programmiersprache arbeitenden PC, Größen, die etwa ein- bis dreimal pro Sekunde abgefragt und verarbeitet werden müssen.

3.2.1 Spannungsmessung

Eigenschaften

- Messung positiver Spannungen von 0 bis 2,55 V in 256 Stufen (8-Bit-Wandler).
- Meßzeit je nach Wandlertyp maximal 2,6 ms.
- Meßbereich durch Spannungsteiler nach höheren Spannungen hin beliebig erweiterbar.
- Nichtlinearität ±½ LSB.

Hardware

Die Spannungsmessung erfolgt durch einen A/D-Wandler. Verwendung findet hierbei einer der in Kapitel 3.1 behandelten 8-Bit-A/D-Wandler –

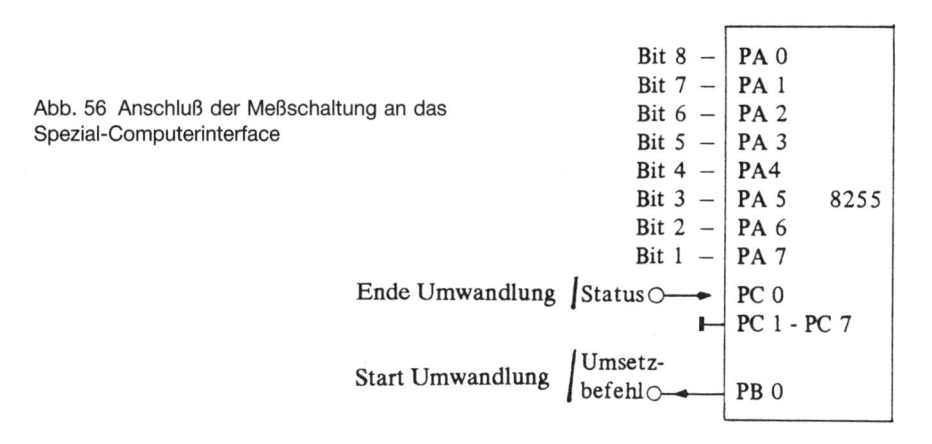

Abb. 56 Anschluß der Meßschaltung an das Spezial-Computerinterface

```
            Bit 8 — | PA 0
            Bit 7 — | PA 1
            Bit 6 — | PA 2
            Bit 5 — | PA 3
            Bit 4 — | PA 4
            Bit 3 — | PA 5      8255
            Bit 2 — | PA 6
            Bit 1 — | PA 7
Ende Umwandlung  Status ○——▶ | PC 0
                         ◀—— | PC 1 - PC 7
Start Umwandlung  Umsetz-
                  befehl ○——▶ | PB 0
```

wobei hier die langsamere der beiden Schaltungen genügt – oder ein äquivalenter Wandlertyp. *Abb. 56* zeigt die Verbindung der Meßschaltung mit dem Interface des Computers.

Software

Seite 90 zeigt die Beschreibung des Programmablaufs. Dazu vorweg zwei Hinweise. Wenn eine an die Computer-Schnittstelle angeschlossene Schaltung einen Rechteckimpuls benötigt, muß dieser softwaremäßig erzeugt werden. Dies geschieht, indem nacheinander eine „1" und eine „0" auf dem entsprechenden Datenbit ausgegeben wird. Im Falle des Umsetzbefehls muß, da dieser Low-aktiv ist, zunächst eine „0" und dann eine „1" ausgegeben werden.

Bei den verwendeten A/D-Wandler-Bausteinen ist eine Überlaufanzeige nicht vorgesehen. Daher muß diese softwaremäßig realisiert werden. Eine zu hohe Spannung äußert sich darin, daß der gesamte Zählbereich des Zählers immer wieder durchlaufen wird und der Statusausgang bzw. der Ausgang „Umwandlung Ende" nicht auf „H" geht. Daher wird zunächst der Statusausgang abgefragt und dann erst der Spannungs-Meßwert eingelesen. Ist das Statussignal nicht „H", wird „Spannung zu hoch" auf dem Bildschirm ausgegeben; andernfalls wird der digitalisierte Meßwert mit der Spannung, die einer Treppenstufe entspricht (0,01 V), multipliziert und ausgegeben. Für den häufig verwendeten Begriff „Bildschirm" wird in der Beschreibung des Programmablaufs die Abkürzung BS verwendet!

Hier der Programmablauf der Spannungsmessung:

```
PROGRAMM „Spannungsmessung"
   Lösche Bildschirm
   Schreib „Spannungsmessung" auf den BS
   Gib 153 nach Steuerlogik aus        ;Programmierung
                                       ;des 8255
   WIEDERHOLE BIS Abbruch
      Gib „0" auf Kanal B aus          ;Umsetzbefehl
      Gib „1" auf Kanal B aus          ;auf PB des 8255
      FÜR I := 1 BIS 150 TUE           ;Warteschleife
      ENDE FÜR                         ;s. Text!
      Lies Status von Kanal C ein
      WENN Status = 0
      DANN Schreib in Zeile 10 des BS:
           „Spannung zu hoch"
      SONST Lies U von Kanal A ein     ;Meßwert einlesen
            Spannung := U * 0,01       ;Faktor für 10 mV
                                       ;pro Wandlerstufe

         Schreib in Zeile 10 des BS:
         „Die Spannung beträgt":
         Gib Spannung auf BS aus
         Schreib „VOLT"
      ENDE WENN
   ENDE WIEDERHOLE
```

Abgleich der Schaltung

Nach dem Aufbau der Schaltung, ihrem Anschluß an das Computer-Interface und dem Starten des Programms, muß der Abgleich vorgenommen werden: Zunächst wird mit dem Nullpunkt-Potentiometer bei mit Masse verbundenem Analogeingang auf Nullanzeige abgeglichen und dann mit einer Hilfsspannungsquelle, deren Spannung bekannt ist, mit Hilfe des Reglers V.A. auf korrekte Anzeige eingestellt. Um eine direkte Anzeige des Digitalwerts zu ermöglichen, sollte der Maximal-Meßwert 2,55 V betragen. Der Baustein ZN 425 erzeugt knapp 10 mV pro Zählschritt. Benötigt man einen höheren Meßbereich, kann man sich daher leicht ausrechnen, auf welchen Wert man den Widerstand des Vollausschlag-Potentiometers (V.A.) erhöhen muß. In diesem Fall muß man auch die Zeile

Spannung := U * 0.01

im Programm ändern. Der eingelesene Meßwert muß mit dem einer Treppenstufe nunmehr entsprechenden Spannungsbetrag multipliziert werden.

Die im Programm vorgesehene Warteschleife (Zähler bis 150) ist erforderlich, wenn man einen langsamen Wandler verwendet und nicht mit interpretierendem BASIC arbeitet (vergleiche Kapitel 1.5). Sie dient zur Überbrückung der Wandlungszeit des A/D-Wandlers. Die Anzahl erforderlicher Durchläufe hängt wesentlich von der Taktfrequenz des Rechners ab und muß durch Versuch ermittelt werden: Wenn man trotz intakter Schaltung wiederholt Meldungen wegen Status = 0 bekommt, ist das ein Zeichen dafür, daß die schleifenbedingte Wartezeit zu kurz ist, der Wandler also die Wandlung noch nicht beendet hat.

Die Programmierung der Endlosschleife (*WIEDERHOLE BIS ABBRUCH*) ersehe man aus Kapitel 1.7.1.

Verbesserungen

Die oben beschriebene Schaltung läßt sich weiter ausbauen zu einem Meßgerät für mehrere Meßbereiche. Dazu werden weitere Widerstände dem Analogeingang vorgeschaltet, die über Relais oder MOS-Analog-Schalter kurzgeschlossen werden können. Die Steuerung der Relais erfolgt über die noch freien Anschlüsse des Kanals B. Da der Ausgangsstrom des Kanals nicht ausreicht, muß je Relais ein Transistor als Verstärker vorgesehen werden.

3.2.2 Strommessung

Eigenschaften

- Messung beliebiger Ströme in 256 Stufen
- Meßzeit je nach Wandlertyp maximal 2,6 ms
- Nichtlinearität ±½ LSB

Hardware

Die Strommessung ist besonders einfach. Sie wird, wie bei den Digital-Multimetern üblich, auf eine Spannungsmessung zurückgeführt, indem in den Stromkreis ein Widerstand eingefügt wird. Die an diesem Widerstand abfallende Spannung wird dann mit einem Verfahren nach Kapitel 3.2.1 gemessen. Der Widerstand sollte klein sein, damit er den Stromkreis nicht zu

3 Messen mit PC

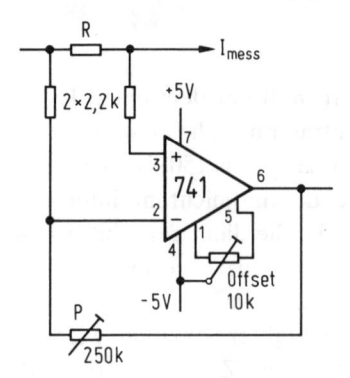

Abb. 57 Strommeßschaltung mit Verstärker

sehr belastet bzw. den Meßwert verfälscht. Da man bei kleinem Spannungsabfall nur einen kleinen Teil des Wandlerbereichs ausnutzt, ist die Meßgenauigkeit begrenzt. Will man den Meßbereich ganz ausnutzen und so größere Genauigkeit erzielen, muß man die am Widerstand auftretende Spannungsdifferenz verstärken. *Abb. 57* zeigt eine entsprechende Schaltung mit Operationsverstärker.

Die Umrechnung der gemessenen Spannung in den entsprechenden Strom erfolgt im Computer nach dem Ohmschen Gesetz I = U/R, wobei R der Meßwiderstand ist. Bei Verwendung eines Verstärkers lautet die Formel I = U/(R∗n), wobei n der Verstärkungsfaktor ist.

Software

Der Programmablauf ist auf Seite 93 dargestellt. Die im Programm vorgesehene Warteschleife (Zähler bis 150) ist erforderlich, wenn man einen langsamen Wandler verwendet und nicht mit interpretierendem BASIC arbeitet (vergleiche Kapitel 1.5). Sie dient zur Überbrückung der Wandlungszeit des A/D-Wandlers. Die Anzahl erforderlicher Durchläufe hängt wesentlich von der Taktfrequenz des Rechners ab und muß durch Versuch ermittelt werden: Wenn man trotz intakter Schaltung wiederholt Meldungen wegen Status = 0 bekommt, ist das ein Zeichen dafür, daß die schleifenbedingte Wartezeit zu kurz ist, der Wandler also die Wandlung noch nicht beendet hat.

Die Programmierung der Endlosschleife (*WIEDERHOLE BIS ABBRUCH*) ersehe man aus Kapitel 1.7.

PROGRAMM „Strommessung"
    Lösche Bildschirm
    Schreib „Strommessung" auf den BS
    Gib 153 nach Steuerlogik aus   ;Programmierung
                                                   ;des 8255
    WIEDERHOLE BIS Abbruch
        Gib „0" auf Kanal B aus   ;Umsetzbefehl
        Gib „1" auf Kanal B aus   ;auf PB des 8255
        FÜR I := 1 BIS 150 TUE   ;Warteschleife
        ENDE FÜR   ;s. Text!
        Lies Status von Kanal C ein
        WENN Status = 0
        DANN Schreib in Zeile 10 des BS:
            „Strom zu hoch"
        SONST Lies I von Kanal A ein   ;Meßwert einlesen
            Strom := U * Faktor   ;Ohne Verstärker
                                          ;ist Faktor = 1/R
        Schreib in Zeile 10 des BS:
            „Der Strom beträgt":
            Gib Strom auf BS aus
            Schreib „Ampere"
        ENDE WENN
    ENDE WIEDERHOLE

Abgleich der Schaltung

Nach dem Aufbau der Schaltung, ihrem Anschluß an das Computerinterface und dem Starten des Programms, muß der Abgleich vorgenommen werden: Zunächst muß der Meßwiderstand stromlos gemacht werden (I = 0). Dann wird das Nullpunkt-Potentiometer des A/D-Wandlers und das Offset-Potentiometer des Verstärkers so eingestellt, daß Null als Strom angezeigt wird. Das Potentiometer V.A., das bei dieser Anwendung nicht benötigt wird, wird weggelassen oder auf maximale Empfindlichkeit eingestellt. Nun läßt man den maximalen Strom über den Meßwiderstand fließen und stellt das Potentiometer P so ein, daß am Ausgang des Operationsverstärkers, der am Meßwiderstand angeschlossen ist, 2,55 V liegen. Im Programm setze man zunächst als Faktor 1 ein. Man dividiert nun den Strom, den man am Meßgerät mißt, durch den Strom, der angezeigt wird, und erhält so den Faktor, den man in die Formel im Programm einsetzen muß. Arbeitet man

3 Messen mit PC

ohne den Verstärker am Meßwiderstand, braucht man nur den Offsetabgleich am „Nullpunkt"-Potentiometer des Wandler-Operationsverstärkers vorzunehmen. Das Potentiometer V.A. wird auf maximale Empfindlichkeit eingestellt oder kann ganz entfallen. Auch hier arbeitet man zunächst einmal mit dem Faktor 1 in der Strom-Berechnungsformel im Programm. Man verfährt dann zur endgültigen Berechnung dieses Faktors wie oben bereits beschrieben. Verwendet man den Wandler ZN427, entfallen die Reglereinstellungen am Wandler. Die übrige Vorgehensweise, vor allem die Ermittlung des Faktors in der Berechnungsgleichung im Programm ist analog zu der oben beschriebenen.

3.2.3 Amplitudenmessung

Eigenschaften

- Messung von Wechselspannungen
  (Sinus-, Rechteck- und Sägezahnschwingungen)
- Frequenzen von 10 Hz bis ca. 1 MHz (Frequenzbereich hängt von gewünschter Genauigkeit ab)
- Amplitudenbereich durch Regler einstellbar

Hardware

Zur Messung der Amplituden wird die anliegende Wechselspannung durch einen Kondensator von überlagerten Gleichspannungskomponenten befreit und dann gleichgerichtet (*Abb. 58*). Um die Amplitude nicht zu verfälschen und den Meßbereich bei Bedarf nach kleinen Spannungen hin zu erweitern, ist ein Operationsverstärker nachgeschaltet. Die an seinem Ausgang lie-

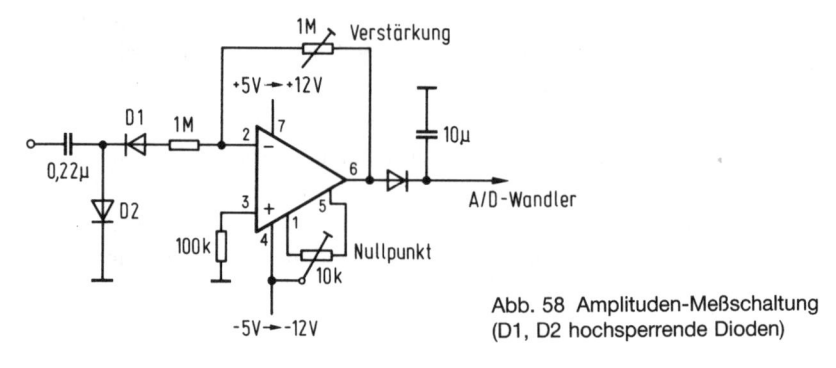

Abb. 58 Amplituden-Meßschaltung
(D1, D2 hochsperrende Dioden)

gende Spannung wird mit der Spannungsmeßschaltung nach Kapitel 3.2.1 (Abb. 47 und 56) gemessen und vom Computer zur Anzeige gebracht.

Software

Der Programmablauf ist unten dargestellt. Die im Programm vorgesehene Warteschleife (Zähler bis 150) ist erforderlich, wenn man einen langsamen Wandler verwendet und nicht mit interpretierendem BASIC arbeitet (vergleiche Kapitel 1.5). Sie dient zur Überbrückung der Wandlungszeit des A/D-Wandlers. Die Anzahl erforderlicher Durchläufe hängt wesentlich von der Taktfrequenz des Rechners ab und muß durch Versuch ermittelt werden: Wenn man trotz intakter Schaltung wiederholt Meldungen wegen Status = 0 bekommt, ist das ein Zeichen dafür, daß die schleifenbedingte Wartezeit zu kurz ist, der Wandler also die Wandlung noch nicht beendet hat.

Die Programmierung der Endlosschleife (*WIEDERHOLE BIS ABBRUCH*) ersehe man aus Kapitel 1.7.

```
PROGRAMM „Amplitudenmessung"
   Lösche Bildschirm
   Schreib „Amplitudenmessung" auf den BS
   Gib 153 nach Steuerlogik aus        ;Programmierung
                                       ;des 8255

   WIEDERHOLE BIS Abbruch
      Gib „0" auf Kanal B aus          ;Umsetzbefehl
      Gib „1" auf Kanal B aus          ;auf PB des 8255
      FÜR I := 1 BIS 150 TUE           ;Warteschleife
      ENDE FÜR                         ;s. Text!
      Lies Status von Kanal C ein
      WENN Status = 0
      DANN Schreib in Zeile 10 des BS:
              „Amplitude zu hoch"
      SONST Lies Ampli von Kanal A     ;Meßwert einlesen
              ein
              Ampli := Ampli * Faktor  ;Faktor zunächst = 1
                                       ;s. Text!
              Schreib in Zeile 10 des BS:
              „Die Amplitude beträgt":
              Gib Ampli auf BS aus
              Schreib „Volt"
      ENDE WENN
   ENDE WIEDERHOLE
```

3 Messen mit PC

Abgleich der Schaltung

Zunächst verbindet man den Eingang der Schaltung mit Masse und schließt an den Ausgang des Operationsverstärkers ein Spannungsmeßgerät an. Dann stellt man das Nullpunkt-Potentiometer so ein, daß am Ausgang der Schaltung 0 V anliegt. Nun legt man ein 50- bis 100-Hz-Signal mit der maximal zu messenden Amplitude an den Eingang der Schaltung und stellt das Potentiometer „Verstärkung" so ein, daß am Meßinstrument etwa 2,5 V auftritt. Ist die Verstärkung nicht groß genug, ersetze man dieses Potentiometer durch eines mit höherem Widerstand. Die Schaltung wird dann an die Spannungsmeßschaltung nach Kapitel 3.2.1 (Abb. 47 und 56) angeschlossen. Diese Schaltung muß vorab abgeglichen werden. Man mißt die Amplitude der anliegenden Wechselspannung (mit Oszilloskop oder Wechselspannungs-Meßgerät). Dann dividiert man die Amplitude der anliegenden Spannung durch die vom Computer angezeigte Amplitude und erhält so den im Programm einzusetzenden Faktor.

3.2.4 Magnetfeldmessung

Eigenschaften

Meßbereich der magnetischen Flußdichte von 0 bis 100 mT.

Hardware

Das Blockschaltbild der Meßeinrichtung zeigt *Abb. 59*. Als Flußdichtesensor wird das Hall-IC SAS 231 W von Siemens verwendet, ein IC mit 6poligem Miniaturgehäuse. Es liefert am Ausgang eine Spannung proportional zur Flußdichte B (magnetische Induktion). Die Ausgangsspannung nimmt zu, wenn der Südpol eines Magneten der Chip-Oberseite genähert wird. *Abb. 60* zeigt die Sockelstiftbelegung des Bauelements und *Abb. 61* seine Ausgangskennlinie. Wie man daraus erkennt, hängt die maximal meßbare Flußdichte

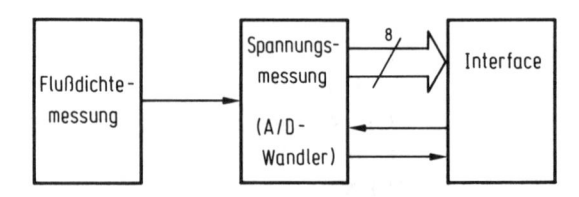

Abb. 59 Blockschaltbild der Flußdichte-Meßeinrichtung

3.2 Langsam veränderliche Größen

Abb. 60 Sockelstiftbelegung des SAS231W

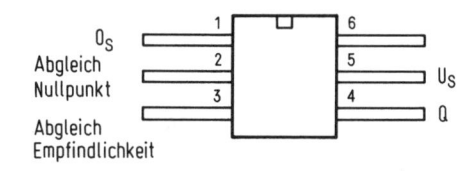

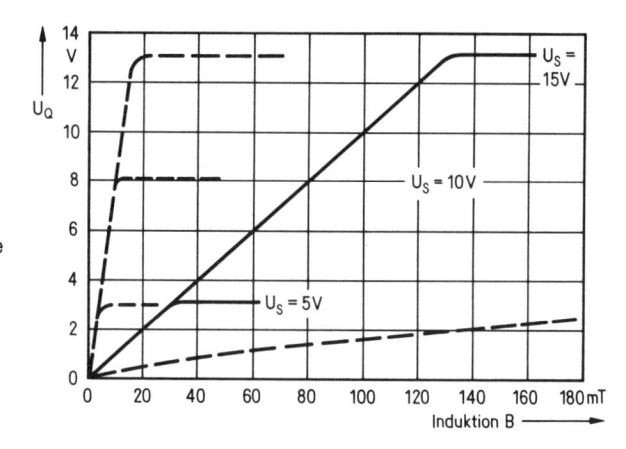

Abb. 61 Ausgangskennlinie des SAS231W

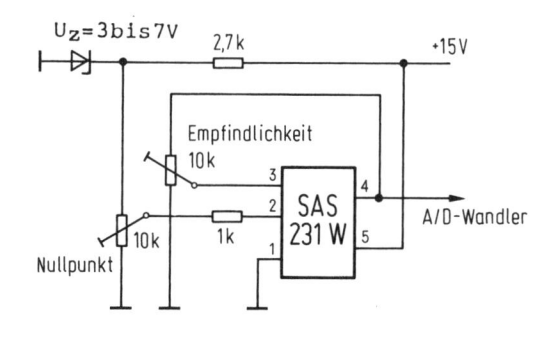

Abb. 62 Meßschaltung für die magnetische Flußdichte

von der Versorgungsspannung ab. Die Steilheit der Kennlinie läßt sich durch externe Beschaltung variieren. *Abb. 62* zeigt die vollständige Meßschaltung. Die Z-Spannung der Z-Diode sollte zwischen 3,5 V und 7 V liegen. Man kann das Nullpunkt-Potentiometer auch an eine Versorgungsspannung von 5 V legen, doch muß der Vorwiderstand vor der Z-Diode entsprechend verringert werden. Die verwendeten Potentiometer sollten Draht- oder Metallschicht – Wendelpotis sein, da sich diese feinfühliger einstellen lassen und Draht bzw. Metallschicht als Widerstandsmaterial wesentlich geringere Temperaturdrift hat als Kohleschichtwiderstände.

3 Messen mit PC

Die vom Magnetfeld-Sensor gelieferte Spannung muß nun gemessen und digital gewandelt werden. Dazu wird die Schaltung an die Spannungsmeßschaltung nach Kapitel 3.2.1 (Abb. 47 und 56) angeschlossen. Diese Schaltung muß geringfügig abgeändert werden, weil die Ausgangsspannung des Magnetfeld-Sensors vergleichsweise hoch ist. Der im Eingangskreis nach Masse liegende Widerstand von 15 kΩ muß gegen einen von 2,2 kΩ ausgetauscht werden oder der Widerstand des V.A.-Reglers auf 100 kΩ erhöht werden.

Software

Der Programmablauf ist unten dargestellt. Die im Programm vorgesehene Warteschleife (Zähler bis 150) ist erforderlich, wenn man einen langsamen Wandler verwendet und nicht mit interpretierendem BASIC arbeitet (vergleiche Kapitel 1.5). Sie dient zur Überbrückung der Wandlungszeit des A/D-Wandlers. Die Anzahl erforderlicher Durchläufe hängt wesentlich von der Taktfrequenz des Rechners ab und muß durch Versuch ermittelt werden. Eine zu kurze Zeit zeigt sich darin, daß die gemessene Flußdichte völlig falsch ist. Die Programmierung der Endlosschleife (*WIEDERHOLE BIS ABBRUCH*) ersehe man aus Kapitel 1.7.

```
PROGRAMM      „Flußdichtemessung"
              Lösche Bildschirm
              Schreib „Flußdichtemessung" auf den BS
              Gib 153 nach Steuerlogik aus        ;Programmierung
                                                  ;des 8255
              WIEDERHOLE BIS Abbruch
                Gib „0" auf Kanal B aus           ;Umsetzbefehl
                Gib „1" auf Kanal B aus           ;auf PB des 8255
                FÜR I := 1 BIS 150 TUE            ;Warteschleife
                ENDE FÜR                          ;s. Text!
                Lies Fluß von Kanal A ein         ;Meßwert einlesen
                Fluß := Fluß * Faktor             ;Faktor zunächst = 1
                                                  ;s. Text!
                Schreib in Zeile 10 des BS:
                  „Die magnetische Flußdichte beträgt":
                Gib Fluß auf BS aus
                Schreib „Milli-Tesla"
              ENDE WIEDERHOLE
```

Abgleich

Zunächst schließt man an den Ausgang der nach Abb. 74 aufgebauten Meßschaltung ein Spannungsmeßgerät an. Man stellt dann bei fehlendem Magnetfeld den Nullpunkt-Regler so ein, daß 0 V am Ausgang der Schaltung liegen. Dann stellt man die Empfindlichkeit so ein, daß die Schaltung erst bei möglichst großer Annäherung eines Magneten (Südpol in Richtung IC!) in die Sättigung geht (Sättigung tritt bei etwa 13 V ein – siehe Kennlinienfeld).

Man schließt nun die Schaltung an die Spannungsmeßschaltung nach Abb. 47 an und stellt den Vollausschlag-Regler V.A. so ein, daß der ausgegebene Meßwert möglichst nahe an 255 kommt – bei maximaler Magnetnäherung. Geht man nach Kennlinienfeld davon aus, daß die Flußdichte dann etwa 130 mT beträgt, erhält man den Faktor im Programm: 120/255. Eine genaue Einstellung ist natürlich nur mit einem geeichten Flußdichte-Meßgerät möglich.

3.2.6 Temperaturmessung

Eigenschaften

- Temperatur-Meßbereich von 0 bis 100 °C
- Meßbereich softwaremäßig erweiterbar für negative Temperaturen bis −10 °C.

Hardware

Das Blockschaltbild der gesamten Temperatur-Meßeinrichtung zeigt *Abb. 76*. Ein Temperatursensor wandelt die Temperatur in eine proportionale Spannung um. Verwendet wird der integrierte Thermofühler LM 335, der pro Grad Kelvin 10 mV Ausgangsspannung erzeugt, bei Raumtemperatur (20 °C) also 2,93 V. Sein Meßbereich geht von −10 °C bis 100 °C. Diese Spannung wird mit einem Spannungsmeßgerät (A/D-Wandler) nach Kapitel

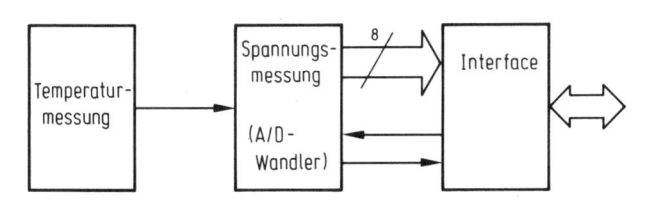

Abb. 63 Blockschaltbild der Temperatur-Meßeinrichtung

3 Messen mit PC

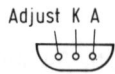

Abb. 64 Anschlußbelegung des Temperaturfühlers LM 335 (von unten gesehen!)

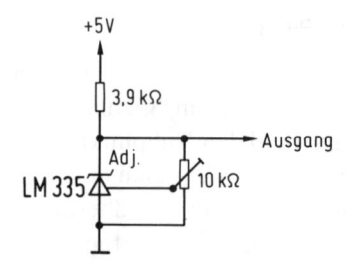

Abb. 65 Standardbeschaltung des Temperaturfühlers LM 335

3.2.1 (Abb. 47 und 56) gemessen und in digitaler Form vom Computer verarbeitet.

Abb. 64 zeigt die Anschlußbelegung des Sensor-ICs und *Abb. 65* die Standardbeschaltung. Der parallelgeschaltete Trimmer dient zur korrekten Einstellung des Temperaturfühlers auf 10 mV/K. Der Vorwiderstand ist nicht kritisch, da lediglich der zulässige Maximalstrom von 5 mA beachtet werden muß. Um jedoch die durch den hindurchfließenden Strom hervorgerufene Eigenerwärmung zu begrenzen, sollte man den Widerstand nicht zu klein wählen.

Bei den meisten Anwendungen ist die Messung der Temperatur in K (Kelvin) unerwünscht. Zwar ließe sich die Umrechnung in °C per Software leicht bewältigen. Von dem gemessenen Wert müßte lediglich 273 abgezogen werden. Leider müßte man jedoch bei dem verwendeten A/D-Wandler bzw. der Spannungs-Meßeinheit einen höheren Meßbereich einstellen. Das führt zu einer Reduzierung der Anzeigegenauigkeit, da nur 256 Stufen bei der Digitalisierung zur Verfügung stehen.

Eine einfachere Lösung bietet die Verschiebung des Null-Potentials des Temperaturfühlers auf −2,73 V (*Abb. 79*). Die dazu verwendete Hilfsspan-

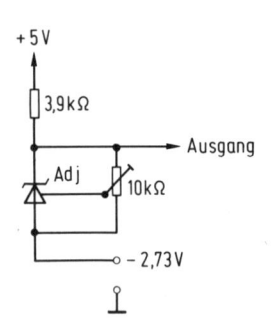

Abb. 66 Verwendung eines Hilfspotentials beim LM 335

nung muß jedoch sehr stabil sein, da eine Spannungsschwankung von 10 mV eine Fehlanzeige von einem Grad zur Folge hat. Es empfiehlt sich daher, ein Spannungsregler-IC zu verwenden, an dessen Ausgang ein Trimm-Potentiometer liegt. Mit diesem läßt sich die genaue Hilfsspannung einstellen.

Software

Da der Temperaturmeßbereich des Fühlers von 0 bis 100 °C geht, die Maximalspannung also 1 V beträgt, kann beim A/D-Wandler kein Überlauf auftreten. Ist das dennoch der Fall, ist die Meßschaltung defekt, was dem Anwender auf dem Bildschirm mitgeteilt wird. Es erfolgt auch eine Warnung, wenn die Temperatur am Fühler 100 °C übersteigt. Hier die Beschreibung des Programmablaufs:

```
PROGRAMM „Temperaturmessung"
    Lösche Bildschirm
    Schreibe „Temperaturmessung" auf den BS
    Gib 153 nach Steuerlogik aus          ;Programmierung
                                          ;des 8255
    WIEDERHOLE BIS Abbruch                ;Wiederhole immer!
      Gib „0" auf Kanal B aus             ;Umsetzbefehl
      Gib „1" auf Kanal B aus             ;auf PB des 8255
      FÜR I := 1 BIS 150 TUE              ;Warteschleife
      ENDE FÜR                            ;s. Text!
      Lies Status von Kanal C ein
      ABBRUCH WENN Status = 0             ;dann Schaltung
                                          ;defekt
      Lies Temperatur von Kanal A ein     ;Meßwert einlesen
      WENN Temperatur > 100
      DANN Schreibe in Zeile 10 des BS:
           „Überschreitung des Temperaturbereichs"
      SONST Schreibe in Zeile 10 des BS:
           „Die Temperatur beträgt":
           Gib Temperatur auf BS aus
           Schreibe „Grad"
      ENDE WENN
    ENDE WIEDERHOLE
    Schreibe „Meßschaltung defekt"
```

Die vorgesehene Warteschleife (Zähler bis 150) ist erforderlich, wenn man einen langsamen Wandler verwendet und nicht mit interpretierendem

BASIC arbeitet (vgl. Kapitel 1.5). Die Anzahl erforderlicher Durchläufe muß man durch Versuch ermitteln: Wenn man trotz intakter Schaltung wiederholt Abbrüche wegen Status = 0 bekommt, ist das ein Zeichen dafür, daß die schleifenbedingte Wartezeit zu kurz ist, der Wandler also die Wandlung noch nicht beendet hat.

Die Programmierung der Endlosschleife (*WIEDERHOLE BIS ABBRUCH*) ersehe man aus Kapitel 1.7.

Aufbau und Abgleich der Schaltung

Die Schaltung wird an die Spannungsmeßschaltung aus Kapitel 3.2.1 (Abb. 47 und 56) angeschlossen. Nach Eingabe und Start des zugehörigen Programms wird der Thermofühler geeicht. Zuerst erfolgt die Einstellung des Nullpunkts. Dazu verwendet man ein Eis-Wasser-Gemisch, das man einige Zeit stehen läßt, damit sich das hinzugegebene Wasser und der eingetauchte Temperaturfühler genau auf null Grad abkühlen. Die zur Potentialverschiebung verwendete Hilfsspannung wird nun mit Hilfe eines Digital-Voltmeters auf den korrekten Wert eingestellt. Dann wird der Regler am Adjust-Eingang genau so eingestellt, daß null Grad angezeigt werden (sofern man eine Anzeige in °C wünscht!). Hat man kein Digital-Voltmeter zur Verfügung, sollte man zunächst die negative Hilfsspannung so einstellen, daß null Grad angezeigt werden. Dann wiederholt man die Messung bei einer höheren Temperatur, die man mit einem möglichst genau anzeigenden Thermometer ermittelt hat, und stellt bei dieser Temperatur den Adjust-Regler auf korrekte Temperaturanzeige ein. Dieses Verfahren muß man leider einige Male wiederholen, da sich die Einstellungen wechselseitig beeinflussen.

Erweiterung des Temperaturbereichs

In vielen Fällen wird der oben vorgesehene Meßbereich nicht ausreichen. Möchte man z. B. Temperaturen unter 0 °C messen, entsteht am Ausgang des Temperaturfühlers eine negative Spannung. Da der Wandler nur positive Eingangsspannungen verarbeiten kann, kann man dieses Problem nur mit einem Trick lösen.

Statt der in Abb. 66 vorgesehenen Spannung von $-2{,}73$ V wird z. B. nur eine Spannung von $-2{,}53$ V angelegt. Die Ausgangsspannung des Thermofühlers beträgt dann 0 V bei -20 °C. Der ausgegebene Digitalwert ist demnach auch 0. Im Computer-Programm muß also von der ermittelten Temperatur 20 abgezogen werden; nach der Zeile *Die Temperatur beträgt* folgt dann:

3.2 Langsam veränderliche Größen

Temperatur := Temperatur −20

Benötigt man einen wesentlich größeren Temperatur-Meßbereich, verwende man den Temperaturfühler LM 135, der den Bereich von −55 bis +150 °C überdeckt.

3.2.6 Messung der Beleuchtungsstärke

Eigenschaften

- Messung der Beleuchtungsstärke bis 1000 Lux
- Erweiterung des Meßbereichs auf 100 000 Lux möglich

Hardware

Abb. 67 zeigt das Blockschaltbild der Beleuchtungsstärke-Meßschaltung. Die von einem Fotoelement erzeugte Spannung wird verstärkt und dann einem A/D-Wandler zugeführt (Spannungsmeßschaltung nach Abb. 47 und 56 – siehe Kapitel 3.2.1). Dieser gibt das digitalisierte Signal über die Schnittstelle an den Computer. *Abb. 68* zeigt die Meßschaltung. Die vom Silizium-Fotoelement gelieferte Spannung wird vom Operationsverstärker

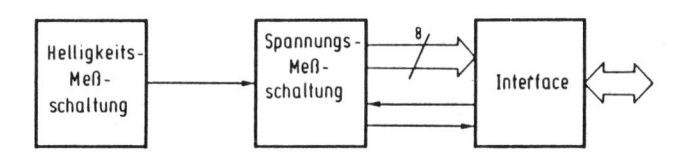

Abb. 67 Blockschaltbild der Beleuchtungsstärke-Meßeinrichtung

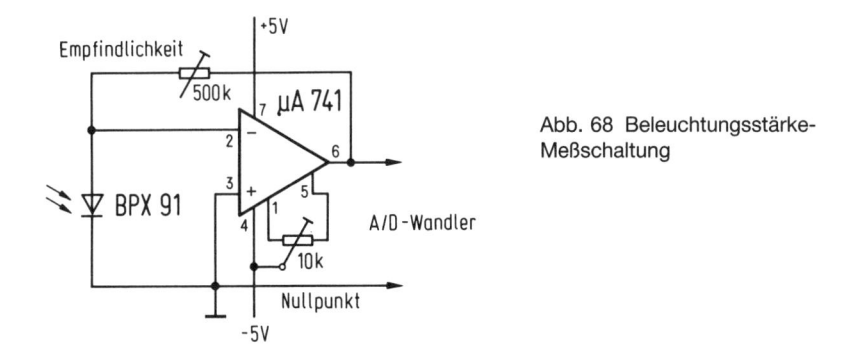

Abb. 68 Beleuchtungsstärke-Meßschaltung

verstärkt. Die maximale Ausgangsspannung hängt von dessen Verstärkungsfaktor ab. Dieser wird mit dem Potentiometer „Empfindlichkeit" festgelegt. Statt des gewählten Fotoelements bzw. Operationsverstärkers können auch äquivalente Typen gewählt werden. Für die Potentiometer sollen Draht- oder Metallschicht-Ausführungen (evtl. als Wendelpotis) genommen werden, da sie die Temperaturabhängigkeit der Schaltung wesentlich verringern.

Software

Um bei zu großer Beleuchtungsstärke eine Fehlanzeige zu vermeiden, wird auch beim folgenden Programm der Status der Wandlerschaltung abgefragt. Ist die Spannung zu hoch, wird auf dem Bildschirm ausgegeben: „Meßbereich überschritten".

Die im Programm vorgesehene Warteschleife (Zähler bis 150) ist erforderlich, wenn man einen langsamen Wandler verwendet und nicht mit interpretierendem BASIC arbeitet (vergleiche Kapitel 1.5). Sie dient zur Überbrückung der Wandlungszeit des A/D-Wandlers. Die Anzahl erforderlicher Durchläufe hängt wesentlich von der Taktfrequenz des Rechners ab und muß durch Versuch ermittelt werden: Wenn man trotz intakter Schaltung wiederholt Meldungen wegen Status = 0 bekommt, ist das ein Zeichen dafür, daß die schleifenbedingte Wartezeit zu kurz ist, der Wandler also die Wandlung noch nicht beendet hat.

Die Programmierung der Endlosschleife (*WIEDERHOLE BIS ABBRUCH*) ersehe man aus Kapitel 1.7.

```
PROGRAMM „Beleuchtungsstärke-Messung"
    Lösche Bildschirm
    Schreibe „Beleuchtungsstärke-Messung" auf den BS
    Gib 153 nach Steuerlogik aus        ;Programmierung
                                        ;des 8255

    WIEDERHOLE BIS Abbruch              ;Wiederhole immer!
      Gib „0" auf Kanal B aus           ;Umsetzbefehl
      Gib „1" auf Kanal B aus           ;auf PB des 8255
      FÜR I := 1 BIS 150 TUE            ;Warteschleife
      ENDE FÜR                          ;s. Text!
      Lies Status von Kanal C ein
      WENN Status = 0
      DANN Schreibe in Zeile 10 des BS:
              „Meßbereich überschritten"
```

```
        SONST Lies Beleuchtung von
              Kanal A ein              ;Meßwert einlesen
              Beleuchtung := Beleuch-
              tung * Faktor            ;Faktor zunächst = 1
                                       ;s. Text!
              Schreibe in Zeile 10 des BS:
                 „Die Beleuchtungsstärke beträgt":
              Gib Beleuchtung auf BS aus
              Schreibe „Lux"
        ENDE WENN
        ENDE WIEDERHOLE
```

Abgleich der Schaltung

Der Abgleich des Wandlerteils erfolgt entsprechend der Beschreibung in Kapitel 3.2.1, wobei das Vollausschlag-Potentiometer auf maximale Eingangsempfindlichkeit eingestellt wird. Schwierigkeit bereitet die korrekte Einstellung des Beleuchtungsmeßteils.

Zunächst schließt man an seinen Ausgang ein Spannungsmeßgerät an. Bei abgedunkeltem Fotoelement stellt man den Nullpunkt-Regler so ein, daß 0 V am Ausgang auftreten. Kann man sich ein Luxmeter ausleihen, bringe man das geeichte Gerät und das Fotoelement in die gleiche Entfernung von einer Lichtquelle, wobei eine Beleuchtungsstärke von 1000 Lux vorliegen sollte (Vollausschlag). Dann wird das Potentiometer „Empfindlichkeit" der Meßschaltung so eingestellt, daß am Schaltungsausgang etwa 2,5 V auftreten. Mit dieser Einstellung nutzt man den A/D-Wandlerbereich optimal aus. Dann wird mit der Gesamtschaltung gemessen. Die gemessene Helligkeit wird durch den vom Computer angezeigten Wert dividiert und diese Zahl im Programm als Faktor eingesetzt (zunächst wurde hier mit Faktor 1 gearbeitet). Eigentlich müßten dann alle anderen Meßwerte korrekt sein.

Hat man kein Luxmeter zur Verfügung, gehe man von folgendem Näherungswert aus: Eine 40-W-Glühbirne liefert in einer Entfernung von 18 cm eine Beleuchtungsstärke von ca. 1000 Lux.

Verbesserungen

Der Meßbereich der Schaltung läßt sich einfach erweitern: Verringert man den Widerstand des Empfindlichkeitsreglers, läßt sich im gleichen Maß der Meßbereich erweitern. Im Programm muß man den Faktor dann entsprechend ändern.

3 Messen mit PC

Beleuchtungsstärkemeßgeräte sollen nur den sichtbaren Teil des Spektrums erfassen. Leider stimmt jedoch die spektrale Verteilung der Empfindlichkeit eines Silizium-Fotoelements nicht mit der des menschlichen Auges überein. Wer hier sehr genau messen will, muß zur Korrektur ein optisches Filter verwenden (z. B. BG 38 von Glaswerke Schott & Gen., Mainz).

Zur Anwendung vielleicht einige Soll-Beleuchtungswerte:

    60 Lux – Flur, Abstellräume
   120 Lux – WC, Kinderzimmer
   500 Lux – Eßraum, Küche, Hobby-, Laborarbeiten
   750 Lux – Lesen, Schreiben
 1000 Lux – Techn. Zeichnen, Präzisionsarbeiten

3.2.7 Kraftmessung

Eigenschaften

Der Meßbereich hängt vom verwendeten Federblech ab, daher läßt sich keine allgemeine Angabe machen.

Hardware

Wenn Kräfte auf Körper einwirken, rufen sie eine Verformung hervor. Für die Messung dieser Verformung, speziell der Dehnung oder Stauchung, werden Dehnungsmeßstreifen (DMS) verwendet. Sie werden auf den Körper geklebt, auf den die Kraft einwirkt und wandeln die Dehnung oder Stauchung in eine proportionale Widerstandsänderung um.

Bei der hier beschriebenen Meßanordnung wird ein Federblech von ca. 20 cm Länge verwendet, an dessen Ende die Kraft angreift – z. B. in Form der Gewichtskraft eines Körpers. Die zwei verwendeten Dehnungsmeßstreifen (Typ LY 11 von Hottinger Baldwin Meßtechnik, Darmstadt) werden am einen Ende des Bleches, nahe der Einspannstelle aufgeklebt (siehe *Abb. 69*), und zwar je einer auf der Ober- und einer auf der Unterseite des Bleches. Das Aufkleben setzt eine aufgerauhte und extrem gereinigte Fläche voraus.

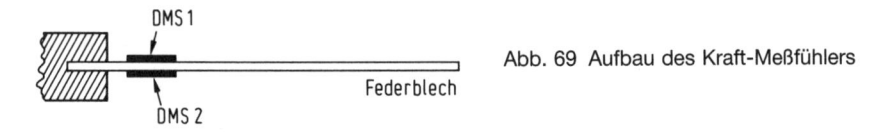

Abb. 69 Aufbau des Kraft-Meßfühlers

3.2 Langsam veränderliche Größen

Für das Kleben müssen Spezialkleber verwendet werden, die nicht kriechen oder sich plastisch verformen. Diese Materialien und die entsprechenden Verarbeitungsvorschläge erhält man vom Hersteller der DMS.

Um die Widerstandsänderung der Dehnungsmeßstreifen in eine proportionale Spannung zu wandeln, baut man sie am besten in eine Wheatstonesche Brückenschaltung ein (diese DMS-Anordnung bezeichnet man auch als Halbbrücke). Hierbei zeigt sich der Vorteil der oben geschilderten Anbringung der beiden Meßstreifen: Bei Biegung des Federblechs – infolge Krafteinwirkung – erfahren Oberseite und Unterseite entgegengesetzte Verformung (Streckung und Stauchung). Die entgegengesetzten Widerstandsänderungen der Meßstreifen führen innerhalb der Brückenschaltung zu einer doppelten Spannungsänderung. Die durch Wärmedehnung des Federblechs hervorgerufene Widerstandsänderungen heben sich, da sie gleichgerichtet sind, auf.

Abb. 70 zeigt die Schaltung und *Abb. 71* das Blockschaltbild der Kraftmeßeinrichtung. Für die Widerstände müssen unbedingt Draht- bzw. Metallschichttypen verwendet werden, da die Schaltung sonst wegen der hohen erforderlichen Spannungsverstärkung zu temperaturabhängig wird.

Statt des Verstärkers 741 kann auch der LM 324 verwendet werden, der mit einer Versorgungsspannung auskommt. Die Schaltung sollte nur bis zu einer Verstärkung von ca. 400fach verwendet werden, da sonst die Temperaturdrift des Operationsverstärkers zu unvertretbaren Meßfehlern führt.

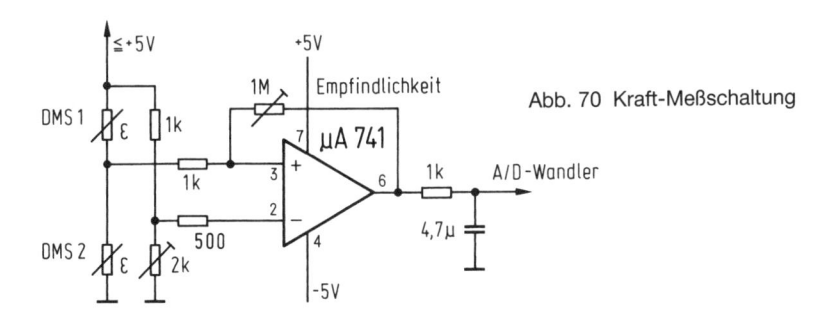

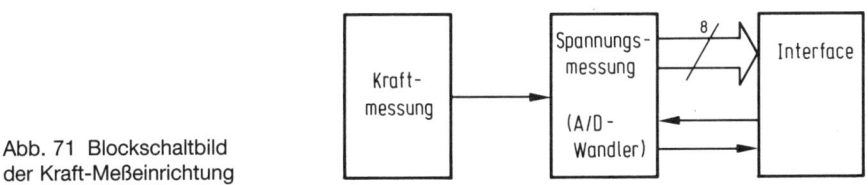

Abb. 70 Kraft-Meßschaltung

Abb. 71 Blockschaltbild der Kraft-Meßeinrichtung

107

3 Messen mit PC

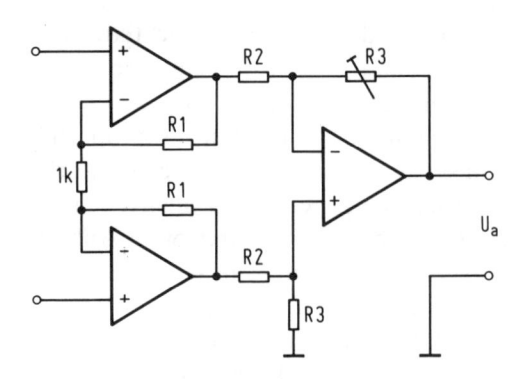

$$V = \left(1 + \frac{2 \cdot R1}{1k\Omega}\right) \cdot \frac{R3}{R2}$$

Abb. 72 Verstärker mit Drift-Kompensation

Für höhere Verstärkungen sollte man spezielle driftarme Verstärker verwenden oder die in *Abb. 72* dargestellte Schaltung erproben. Sie muß so dimensioniert werden, daß die beiden am Eingang liegenden Operationsverstärker den wesentlichen Teil der Verstärkung übernehmen und die letzte Stufe nur noch den Verstärkungsfaktor 1 bis 5 hat. Dann kann nämlich die in der zweiten Stufe auftretende Temperaturdrift vernachlässigt werden. Nimmt man einen integrierten Baustein mit mehreren Operationsverstärkern – wie den LM 324 –, so kann man davon ausgehen, daß die OPs, da sie sich im gleichen Gehäuse befinden, in gleicher Weise mit der Temperatur driften. Damit hebt sich die Temperaturdrift der hochverstärkenden Eingangsstufe in der zweiten Stufe auf.

Besonderen Wert muß man wegen der hohen Verstärkungen auf die Vermeidung von 50-Hz-Einstreuungen legen. Sie zeigen sich darin, daß die Meßwerte trotz gleicher Krafteinwirkung immer verschieden sind.

Software

Auf der nächsten Seite folgt die Beschreibung des Programmablaufs für das Programm „Kraft-Messung". Um bei zu großer Krafteinwirkung eine Fehlanzeige zu vermeiden, wird auch bei diesem Programm der Status der Wandlerschaltung abgefragt. Ist die Spannung zu hoch, wird auf dem Bildschirm ausgegeben: *Meßbereich überschritten*.

Die im Programm vorgesehene Warteschleife (Zähler bis 150) ist erforderlich, wenn man einen langsamen Wandler verwendet und nicht mit interpretierendem BASIC arbeitet (vergleiche Kapitel 1.5). Sie dient zur Überbrückung der Wandlungszeit des A/D-Wandlers. Die Anzahl erforderlicher Durchläufe hängt wesentlich von der Taktfrequenz des Rechners ab und muß durch Versuch ermittelt werden: Wenn man trotz intakter Schaltung wiederholt Meldungen wegen Status = 0 bekommt, ist das ein Zeichen dafür, daß die schleifenbedingte Wartezeit zu kurz ist, der Wandler also die Wandlung noch nicht beendet hat.

Die Programmierung der Endlosschleife (*WIEDERHOLE BIS ABBRUCH*) ersehe man aus Kapitel 1.7.

```
PROGRAMM „Kraftmessung"
    Lösche Bildschirm
    Schreibe „Kraftmessung" auf den BS
    Gib 153 nach Steuerlogik aus          ;Programmierung
                                          ;des 8255
    WIEDERHOLE BIS Abbruch                ;Wiederhole immer!
        Gib „0" auf Kanal B aus           ;Umsetzbefehl
        Gib „1" auf Kanal B aus           ;auf PB des 8255
        FÜR I := 1 BIS 150 TUE            ;Warteschleife
        ENDE FÜR                          ;s. Text!
        Lies Status von Kanal C ein
        WENN Status = 0
        DANN  Schreibe in Zeile 10 des BS:
              „Meßbereich überschritten"
        SONST Lies Kraft von Kanal A ein  ;Meßwert einlesen
              Kraft:= Kraft*Faktor        ;Faktor zunächst
                                          ;1, Text!
              Schreibe in Zeile 10 des BS:
              „Die Kraft beträgt":
              Gib Kraft auf BS aus
              Schreibe „Newton"
        ENDE WENN
    ENDE WIEDERHOLE
```

Abgleich der Schaltung

Zunächst schließe man ein Spannungsmeßgerät an den Ausgang der Meßschaltung an. Bei Nichteinwirken einer Kraft wird dann zunächst die Brücke am Eingang so abgeglichen, daß am Ausgang der Meßschaltung 0 V liegt. Dann läßt man die maximal vorgesehene Kraft auf das Federblech einwirken und stellt das Potentiometer *Empfindlichkeit* so ein, daß am Ausgang etwa 2,5 V liegen. Dann schließe man die Schaltung an die Spannungsmeßschaltung (A/D-Wandler) und Computer an. Bei ersterer kann das V.A.-Potentiometer entfallen oder es wird auf maximale Empfindlichkeit der Schaltung eingestellt.

3 Messen mit PC

Die gemessene Kraft (im einfachsten Fall hängt man einen Körper, dessen Gewicht bekannt ist, an das Federblech!) wird durch den vom Computer angezeigten Wert dividiert und diese Zahl im Programm als Faktor eingesetzt (zunächst wurde hier mit Faktor 1 gearbeitet). Eigentlich müßten dann alle anderen Meßwerte korrekt sein.

3.2.8 Drehzahlmessung

Zur Messung der Drehzahl eines Motors bieten sich zwei Möglichkeiten an: der Anschluß eines Tachogenerators oder die Verwendung einer Schlitzscheibe. Der Tachogenerator wird mit der Motorwelle gekoppelt und erzeugt eine der Drehzahl des Motors proportionale Spannung. Diese wird anschließend in digitalisierter Form dem Computer zugeführt.

Die Schlitzscheibe besteht aus einer kreisförmigen Scheibe, die auf der Achse des Motors befestigt ist. An ihrem Rand befinden sich Schlitze bzw. Einkerbungen. Dieser Rand taucht in eine Gabel-Lichtschranke, die eine Leuchtdiode als Sender und einen Fototransistor als Empfänger enthält (*Abb. 73*).

Die beim Drehen des Motors von dieser Lichtschranke gelieferten Impulse werden eine bestimmte Meßzeit – auch Torzeit genannt – von einem Zähler hochgezählt. Diese Torzeit und den vor jedem neuen Meßvorgang erforderlichen Rücksetzimpuls für den Zähler liefert der Computer. Vor dem Rücksetzen wird jedoch der Zählerstand eingelesen und erfolgt die Bearbeitung des eingelesenen Meßwerts und die Anzeige der ermittelten Drehzahl.

Diese Art der Messung läßt sich besonders leicht realisieren, da sie direkt ein digitales Ausgangssignal (Dualzahl des Zählers) liefert. Daher soll sie bei dem folgenden Meßaufbau Verwendung finden.

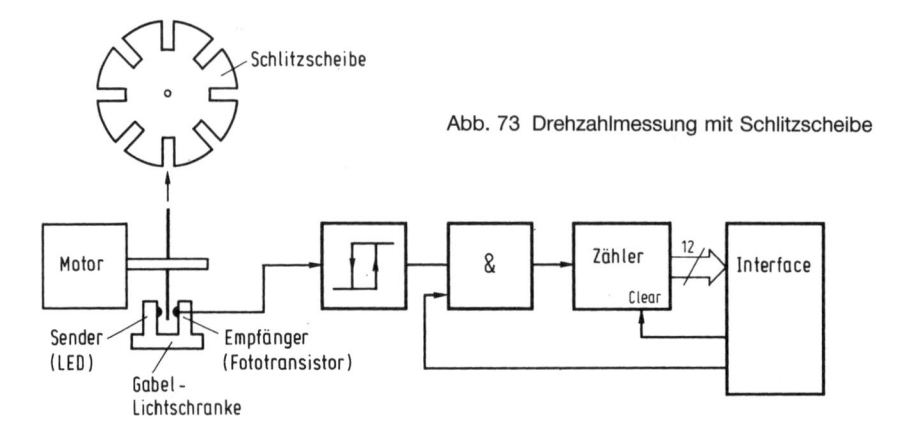

Abb. 73 Drehzahlmessung mit Schlitzscheibe

Eigenschaften

- Messung von Drehzahlen im Bereich von 300 bis 15 000 U/min
- Messung mit Hilfe einer Schlitzscheibe mit 16 Schlitzen
- Korrektur der Anzeige bei Stillstand des Motors
- Warnung bei Überschreiten der Höchstdrehzahl

Hardware

Abb. 74 zeigt die Meßschaltung. Das vom Sender der Gabel-Lichtschranke erzeugte Lichtbündel tritt durch den Spalt der Schlitzscheibe und trifft auf den Fototransistor. Da dessen Ausgangssignal besonders bei höheren Dreh-

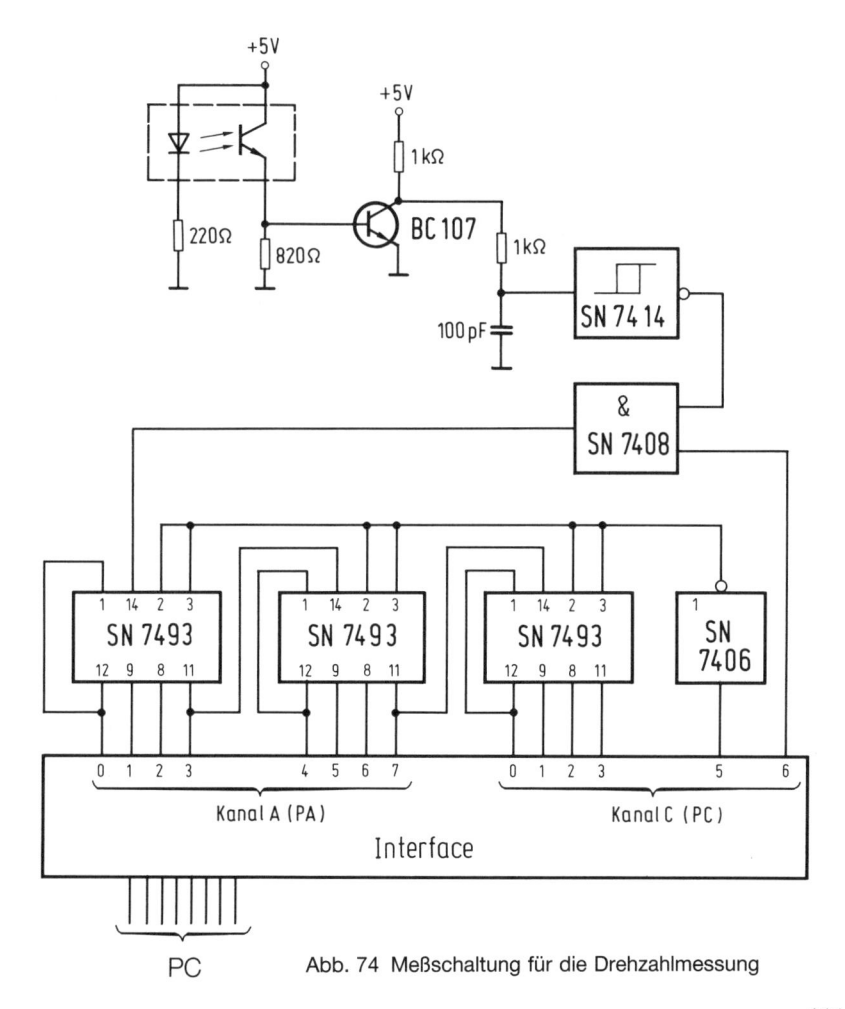

Abb. 74 Meßschaltung für die Drehzahlmessung

zahlen eine schlechte Flankensteilheit aufweist, ist ein Schmitt-Trigger nachgeschaltet. Das RC-Glied an dessen Eingang soll hochfrequente Störimpulse herausfiltern. Der Ausgang des Schmitt-Triggers geht über ein Nand-Gatter an den aus drei SN 7493 (4-Bit-Binärzähler) bestehenden 12-Bit-Zähler. Das Nand-Gatter dient zur Freigabe der Zählimpulse während der Meßzeit. Das benötigte Freigabe-Signal wird vom Computer auf Anschluß PC6 (Stift 6 von Kanal C!) des Interfaces geliefert. Alle Zählbausteine werden gleichzeitig durch einen Clear-Impuls auf Pin 2 und 3 zurückgesetzt. Dieser Impuls wird von Ausgang PC5 geliefert und über einen Inverter (SN 7406) negiert.

Software

Programmablauf. Zunächst wird die Schnittstelle programmiert, der Zähler gelöscht und die Messung gestartet. Dann wird nach Ablauf der Torzeit (500 ms) der Meßwert in zwei Etappen eingelesen. Da bei Kanal C nur die unteren vier Bit benötigt werden, müssen sie durch eine Maskierung (Und-Verknüpfung mit 1 1 1 1 = 15 (dez.)) von den restlichen Bit getrennt werden. Näheres zum Begriff „Maskierung" ersehe man aus Kapitel 1.6.1! Man erhält die gemessene Impulszahl, indem man die von Kanal C eingelesene Tetrade (= Bit 8 bis 11 des Meßwerts!) – ihrem Wert entsprechend – mit 256 multipliziert und zu der von Kanal A eingelesenen 8-Bit-Zahl addiert.

Steht der Motor still und ist zufällig ein Schlitz der Schlitzscheibe genau im Spalt der Gabellichtschranke erfolgt eine Fehlmessung. Dieser systembedingte Meßfehler wird softwaremäßig korrigiert. Ist die ermittelte Drehzahl kleiner als 5, wird 0 ausgegeben.

```
        PROGRAMM „Drehzahlmessung"
            Lösche Bildschirm
            Schreibe „Drehzahlmessung" auf den BS
            Gib 145 nach Steuerlogik aus        ;Programmierung
                                                ;des 8255
            WIEDERHOLE BIS Abbruch
1)          Gib „0" auf Port C Pin 5 aus        ;Zähler löschen
2)          Gib „1" auf Port C Pin 5 aus
3)          Gib „1" auf Port C Pin 6 aus        ;Meßzeit beginnen
            Warte 500 ms                        ;Warteschleife
                                                ;für Meßzeit
```

3.2 Langsam veränderliche Größen

4)	Gib „0" auf Port C Pin 6 aus	;Meßzeit beenden
	Lies Zähler_Low von Port A ein	
	Lies Zähler_High von Port C ein	
	Zähler_High := Zähler_High	
	UND 0FH	;Bit 4 bis 7
		;wegmaskieren
	Zähler := Zähler_High * 256	
	+ Zähler_Low	
5)	Drehzahl := Zähler/16 * 120	;16 Schlitze!
6)	Drehzahl := Drehzahl * Faktor	;zunächst
		;Faktor = 1!
	WENN Drehzahl < 5	
	DANN Drehzahl := 0	
	ENDE WENN	
	Schreibe „Drehzahl pro Minute":	
	Gib Drehzahl auf BS aus	
	ENDE WIEDERHOLE	

In diesem Programm findet eine bisher noch nicht verwendete Eigenschaft des Schnittstellen-Bausteins 8255 Anwendung. Durch Ausgabe eines Steuerworts an die Steuerlogik läßt sich für Anwendungen der Steuer- und Regeltechnik jedes der acht Bit von Kanal C selektiv setzen oder zurücksetzen. Will man z. B. Bit 5 von Kanal C setzen, muß man 0 0 0 0 1 0 1 1 = 11 (dez.) an die Steuerlogik ausgeben. Näheres dazu entnehme man Kapitel 2.5!

Damit lauten die Zeilen 1) bis 4) im vorhergehenden Listing:
Gib 10 an die Steuerlogik aus
Gib 11 an die Steuerlogik aus
Gib 13 an die Steuerlogik aus
Gib 12 an die Steuerlogik aus

Findet eine Schlitzscheibe mit einer anderen Schlitzanzahl Verwendung, muß die 16 in Zeile 5) durch die aktuelle Schlitzzahl ersetzt werden. Der Faktor 120 ergibt sich aus 60, da die Drehzahl pro Minute berechnet werden soll und dem Faktor 2, da die Meßzeit nur 0,5 s beträgt. Wird eine andere Meßzeit gewählt (Änderung der Warteschleife), muß diese Zahl entsprechend angepaßt werden. Wenn man die Dauer der Warteschleife (= Meßzeit) – eventuell durch Probieren – genau einstellen kann, kann Zeile 6) im Programm entfallen.

Einfacher ist es, wie in Zeile 6) vorgesehen, die fehlerhaft gemessene Drehzahl zu korrigieren. Dazu messe man mit einem korrekt arbeitenden Drehzahl-Meßgerät die Drehzahl des Motors und dividiere sie durch den vom Computer ermittelten Wert. Das ergibt den in Zeile 6) einzusetzenden Faktor. Statt einem Meßgerät kann man auch einen Frequenzgenerator an den Eingang des Schmitt-Triggers anschließen und so die von der Lichtschranke kommenden Impulse simulieren.

Verbesserungen

Leider schwanken bei billigen Gleichspannungsmotoren die Drehzahlen, besonders im unteren Drehzahlbereich, erheblich, was zu Flimmern der Anzeige führt. Um eine stabilere Anzeige zu erhalten, empfiehlt es sich, über zwei bis drei Messungen zu mitteln und dann erst diesen Mittelwert anzuzeigen.

3.3 Messen schnell veränderlicher Größen

Computer sind, sofern sie mit einer Interpretersprache (BASIC) arbeiten, relativ langsam und daher für die Messung schnell veränderlicher Größen nicht geeignet. Zwar hängt die Verarbeitungsgeschwindigkeit wesentlich von der Geschwindigkeit des Computers ab, doch lassen sich ungefähre Grössenordnungen für den Zeitbedarf angeben:

Der einzelne Eingabe-(INP-)Befehl benötigt nur etwa eine Millisekunde, aber mit ihm allein kann man nichts anfangen. Bindet man ihn in ein Datenerfassungsprogramm von vier bis fünf Befehlen Länge ein, das die eingelesenen Meßwerte zwecks anschließender Verarbeitung im Speicher abstellt, so benötigt man bereits ca. 2 bis 5 ms pro eingelesenem Meßwert. Verwendet man jedoch ein größeres Programm, das jeden Meßwert sofort verarbeitet, reduziert sich die Zahl der Einlesevorgänge auf etwa 10 bis 50 pro Sekunde. Das ist für Vorgänge, die sich im Hundertstelsekunden-Bereich abspielen, viel zu langsam. Auch ist eine Ausnutzung der maximalen Wandlergeschwindigkeit und damit die Erfassung des Amplitudenverlaufs schnell veränderlicher Größen bzw. die Verarbeitung höherfrequenter Zählimpulse nicht möglich.

Abhilfe kann hier die Verwendung einer Hochsprache bringen, die mit einem Compiler in den Interncode (Objektcode) der Anlage übersetzt wird. Die andere Möglichkeit besteht darin, direkt in Assemblersprache zu programmieren. Da man hier die Programmierung optimal an die Hardware anpassen kann, ergibt sich eine deutliche Geschwindigkeitssteigerung. So ist z. B. das Einlesen von Meßwerten in ein Feld (array) in der Assembler-Version etwa 20mal schneller als in Turbo-PASCAL und etwa 1000mal schneller als in BASIC. Da andererseits mathematische Operationen, wie Multiplikation, Division und Wurzelziehen auf dieser Programmierebene, erhebliche Schwierigkeiten bereiten, bietet sich als vernünftiger Kompromiß an, das Programm in einer Hochsprache und die zeitkritischen Programmteile, die sich mit der Meßwert-Erfassung beschäftigen, in Assemblersprache zu schreiben und vom Hochsprachenprogramm aus aufzurufen (siehe Kapitel 1.7.2).

Dieses Kapitel fällt etwas kurz aus, da es Kenntnisse in der Assemblerprogrammierung voraussetzt. Der Leser, der sich in diese maschinennahe Programmierung einarbeiten will, sei auf ein im gleichen Verlag erschienenes Assembler-Lehrbuch hingewiesen (1).

3.3.1 Messung der Pulsdauer

Eigenschaften

- Messung der Pulsdauer bei beliebigem Puls-/Pause-Verhältnis
- Maximal meßbare Pulsdauer: ca. 1 s (abhängig von der Taktfrequenz des Computers)

Hardware

Die Hardware ist bei dieser Schaltung schnell beschrieben: Sie besteht lediglich aus der mit dem Computer verbundenen Schnittstelle (*Abb. 75*). An PA0 wird die Rechteckschwingung, deren Puls-/Pause-Verhältnis gemessen werden soll, angelegt.

Abb. 75 Beschaltung der Schnittstelle für die Pulsdauer-Messung

Software

Das Programm für die Pulsdauermessung besteht aus zwei Teilen: dem Assemblerprogramm, das die Messung mit großer Schnelligkeit durchführt und das Ergebnis der Messung im Register AX speichert und dem Hochsprachenprogramm, das den Meßwert verarbeitet und auf dem Bildschirm anzeigt.

Das unten abgedruckte Assemblerprogramm besteht im wesentlichen aus drei Schleifen. Zunächst werden Interrupts gesperrt (solche Interrupts könnten beispielsweise von der beim DOS-Betriebssystem vorgesehenen Soft-

3 Messen mit PC

ware-Uhr oder von der Tastatur kommen). Dann wird das Registerpaar BX, das bei diesem Programm als Zähler dient, auf Null gesetzt. In der dann folgenden ersten Schleife wird abgefragt, ob an PA0 ein Impuls anliegt („H"-Niveau). Diese selektive Abfrage von Bit 0 geschieht durch Und-Verknüpfung des Akkumulators (= Register A) mit der Konstante 01 (vergleiche Kapitel 1.6.1!). Solange an PA0 eine 1 anliegt, bleibt der Computer in dieser Schleife. Diese Maßnahme ist notwendig, weil das Assemblerprogramm von einem Hochsprachenprogramm aus aufgerufen wird und dadurch Fehlmessungen auftreten könnten. Wird nämlich das Objekt-Programm aufgerufen, während bereits ein Impuls anliegt, würde nur die noch verbleibende Impulsdauer gemessen.

Die zweite Schleife des Assemblerprogramms wird also nur erreicht, wenn eine Impulspause vorliegt. In dieser Schleife bleibt der Computer nun bis der nächste Impuls beginnt. Dann beginnt er die dritte Schleife, in der die eigentliche Pulsdauermessung erfolgt. Diese Schleife wird so lange durchlaufen, wie der Impuls an PA0 anliegt. Die Anzahl der Durchläufe wird im Registerpaar BX (16 Bit breit) hochgezählt.

```
              PUBLIC PULS
    CODE_SEG  SEGMENT
              ASSUME CS:CODE_SEG
    PULS      PROC
              CLI                    ; Interrupts sperren
              XOR BX, BX             ; Zählregister löschen
    M1:       IN AL, Kanal A
              TEST AL,01             ; Abfrage auf High-Niveau
              JNZ M1
    M2:       IN AL,Kanal A
              TEST AL,01             ; Abfrage auf Low-Niveau
              JZ M2
    M3:       INC BX
              IN AL,Kanal A
              TEST AL,01             ; Abfrage auf H-Niveau
              JNZ M3                 ; Pulsdauer-Messung
              MOV AX,BX
              STI                    ; Interrupts zulassen
              RET
    PULS      ENDP
    CODE_SEG  ENDS
              END
```

Nach dem Verlassen der dritten Schleife wird der Meßwert in AX gespeichert – zwecks Übergabe an das Hochsprachenprogramm – und wird der Interrupt-Eingang des Prozessors wieder freigegeben. Dann erfolgt der Rücksprung ins Hochsprachenprogramm.

Die maximale Pulsdauer ist dadurch begrenzt, daß man mit 16 Bit nur bis 65 535 hochzählen kann. Andererseits hat man bei sehr kurzen Pulsdauern mit erheblichen Meßfehlern zu rechnen. Bei einer Pulsdauer von 20 µs, die – bei einem Puls-/Pause-Verhältnis von 1:1 – einer Meßfrequenz von 50 kHz entspricht, können zwei oder drei Durchläufe erfolgen, was ein Schwanken des Anzeigewerts um 30 % zur Folge hat bzw. einem mittleren Meßfehler von 15 % entspricht.

Im folgenden Programmablauf des Hochsprachenprogramms wird das Assemblerprogramm als Funktion aufgerufen. Man erkennt das an Zeile 1):

Puls_Zahl := Ass_Prog

Damit wird das Assemblerprogramm aufgerufen und der von ihm in AX bereitgestellte Meßwert der Variablen Puls_Zahl zugeordnet. In PASCAL muß diese Funktion vorab deklariert werden:

Function Ass_Prog:integer; external ...

In BASIC müßte die Zeile lauten:

CALL Ass_Prog (Puls_Zahl).

Das Assemblerprogramm müßte derart umgeschrieben werden, daß das Ergebnis der Messung in die durch den Aufruf übergebene Adresse der Variable Puls_Zahl gespeichert wird.

Das Assemblerprogramm ermittelt die Anzahl der Schleifendurchläufe während der Pulsdauer. Diese Zahl ergibt noch nicht die Pulsdauer. Sie muß erst noch mit einem Faktor multipliziert werden (siehe Zeile 2). Dieser Faktor muß für jeden Computer per Versuch ermittelt werden. Dazu verwende man ein geeichtes Meßerät (z. B. Oszilloskop), setze die Konstante zunächst auf 1 und führe eine Messung durch. Die mit dem Oszilloskop ermittelte Pulsdauer, dividiert durch den vom Computer gemessenen Wert, ergibt den in die Formel einzusetzenden Faktor.

3 Messen mit PC

```
PROGRAMM „Pulsdauer"
            Lösche Bildschirm
            Schreibe auf BS „Pulsdauermessung"
            Gib 153 nach Steuerlogik aus          ;Programmierung
                                                  ;des 8255
            WIEDERHOLE BIS Abbruch
1)          Puls_Zahl := Ass_Prog

2)          Puls_Dauer := Puls_Zahl * Faktor
            Schreibe in Zeile 10 des BS
              „Die Pulsdauer ist":
            Gib Puls_Dauer auf BS aus
            Warte 300 ms
            ENDE_WIEDERHOLE
```

Verbesserungen

Leider ist der Meßbereich nach kurzen Pulsdauern hin durch die Geschwindigkeit des Mikroprozessors begrenzt. Hier läßt sich leider keine Verbesserung erzielen. Nach der anderen Seite des Meßbereichs hin, ist die längste Meßzeit dadurch gegeben, daß im BX-Register nur bis 65 535 gezählt werden kann. Hier kann man eine Verlängerung dadurch erreichen, daß man die für die dritte Schleife des Assemblerprogramms benötigte Durchlaufzeit durch Einfügen von Leerbefehlen (NOP = No Operation) bzw. einer Warteschleife vergrößert. Das engt jedoch den Meßbereich nach kurzen Pulsdauern hin ein. Die Konstante in Zeile 2) des Hochsprachenprogramms muß dann entsprechend angepaßt werden!

3.3.2 Messung der Periodendauer

Bei der Periodendauer-Messung bieten sich zwei Verfahren an, die sich nur auf der Hardwareseite voneinander unterscheiden.

Eigenschaften

- Maximal meßbare Periodendauer: je nach Verfahren 1 s bzw. 2 s (abhängig von der Taktfrequenz des Computers!)
- Meßgenauigkeit bei: 100 ms Periodendauer ca. 0,2 %; 1 ms Periodendauer ca. 2 %

Hardware

Der Hardware-Aufbau ist bei beiden Verfahren sehr einfach. Kann man davon ausgehen, daß das Puls-/Pause-Verhältnis 1:1 ist, mißt man einfach die Pulsdauer nach dem im letzten Abschnitt behandelten Verfahren und verdoppelt den auszugebenden Meßwert. Im Hochsprachenprogramm (S.117) müßte also in Zeile 2 der Faktor verdoppelt werden. Als Meßschaltung wird die in Abb. 75 dargestellte Schaltung verwendet.

Bei beliebigem Puls-/Pause-Verhältnis findet eine geringfügig erweiterte Schaltung (*Abb. 76*) Anwendung. Das vorgeschaltete Flipflop wird mit der Anstiegs- bzw. Abfallflanke eines Impulses gesetzt und von der entsprechenden Flanke des nächsten Impulses zurückgesetzt. Es bleibt also eine Periodendauer lang im „H"-Zustand. Diese Zeit wird mit Hilfe des aus dem vorhergehenden Kapitel übernommenen Programms gemessen. Daher braucht hier nicht näher auf die Software eingegangen zu werden. Auch die möglichen Verbesserungen entnehme man dem entsprechenden Abschnitt des letzten Kapitels.

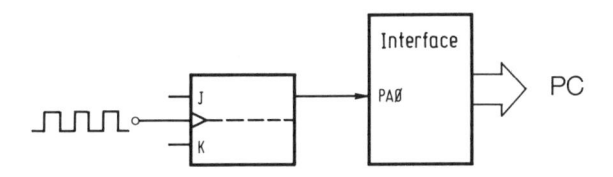

Abb. 76 Meßschaltung für die Periodendauer-Messung. Das verwendete Flipflop kann ein beliebiger, flankengetriggerter J-K-Typ sein

3.3.3 Frequenzmessung

Eigenschaften

- Frequenzmessung im Bereich von ca. 2 bis 10000 Hz (abhängig von der Taktfrequenz des Computers)
- Meßgenauigkeit bei 0,5 s Meßzeit: bei 9000 Hz 0,05 %; bei 2 Hz 15 %

Hardware

Der Hardwareaufbau ist hier besonders einfach, da die eigentliche Messung per Software erfolgt. Die Beschaltung des Interface ist in *Abb. 77* und das

3 Messen mit PC

Abb. 77 Meßschaltung zur Frequenzmessung

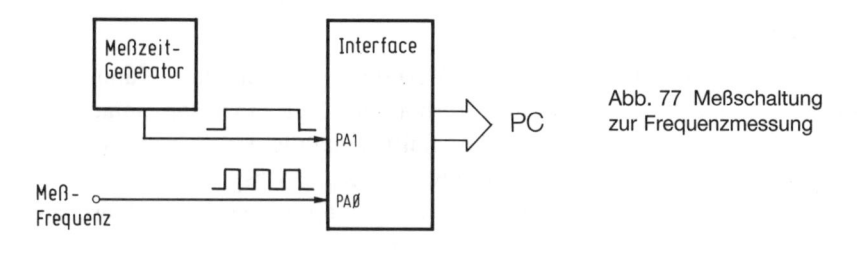

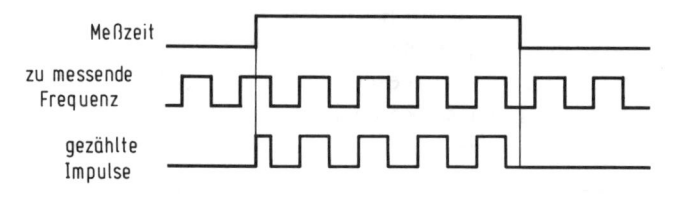

Abb. 78 Meßprinzip der Frequenzmessung

Meßprinzip in Abb. 78 dargestellt. Der Meßzeit-Generator – wegen der erforderlichen hohen Stabilität meist ein Quarz-Oszillator – erzeugt einen Rechteckimpuls, dessen Pulsdauer die Meßzeit festlegt. Diese Meßzeit begrenzt die minimal meßbare Frequenz, da mindestens ein Impuls während dieser Zeit auftreten muß. Grundsätzlich gilt: Je länger die Meßzeit, um so genauer der Meßwert, um so niedriger die Grenzfrequenz und um so langsamer der Meßvorgang. Bei den meisten Frequenz-Meßgeräten werden die Meßzeiten im Zehner-Raster gewählt z. B. 1 s, 0,1 s usw. Da hier die Meßdaten vom Computer aufbereitet werden, ist die Meßzeit beliebig. Wird z. B. eine halbe Sekunde lang gemessen, muß die Anzahl der registrierten Impulse verdoppelt werden, um die Frequenz in Hz zu erhalten.

Software

Das Programm zur Frequenzmessung besteht aus zwei Teilen. Einem Assemblerprogramm-Teil, der die eigentliche Messung durchführt, und einem Hochsprachen-Teil, der den Meßwert aufbereitet und auf dem Bildschirm zur Anzeige bringt.

Um den Leser mit der bei der Programmierung von steuer- und regelungstechnischen Anwendungen viel verwendeten Merkertechnik vertraut zu machen, wird hier ein sehr elegantes, wenn auch von der Logik her aufwendiges und vielleicht schwer verständliches Programm vorgestellt.

Um den Vorteil der Verwendung von Merkern zu zeigen, soll das Assemblerprogramm zur Pulsdauermessung noch einmal betrachtet werden (Seite 116). Es besteht im wesentlichen aus drei Schleifen, die der Computer jeweils nur verlassen kann, wenn eine bestimmte Bedingung erfüllt ist. Ist eine solche Bedingung erst nach einem längeren Zeitintervall erfüllt, z. B. das Erreichen einer bestimmten Temperatur bei einer Waschmaschinen-Steuerung, ist der Rechner während dieser Zeit blockiert und kann keine weiteren Regelvorgänge durchführen – z. B. die Abfrage, ob der gewünschte Wasserstand erreicht ist.

Wenn mehrere Meß- oder Steuervorgänge parallel ablaufen sollen, ist diese Art der Abfrage von Bedingungen nicht mehr durchführbar. Ein Sachbearbeiter, der mit vielen Kunden Kontakt aufnehmen muß, wird nicht, wenn er den ersten Kunden telefonisch nicht erreichen kann, solange weiterwählen, bis er ihn endlich erreicht hat, sondern wird es kurz versuchen, sich dann einen „Merk"zettel für den erfolglosen Anruf anlegen, und darauf sofort den nächsten Kunden anwählen. So kann er mit einem Minimum an Wartezeit ein Maximum erreichen, ohne daß er einen der gewünschten Kunden vergißt.

Dieses Organisations-Hilfsmittel macht man sich bei komplexen Programmen der Meß-, Steuer- und Regeltechnik auch zunutze, indem man Merker definiert. Ein solcher Merker kann eine definierte Zahl (z. B. 0 oder 1) in einem Register sein oder ein einzelnes Bit in einem Merker-Byte, das dann selektiv gesetzt bzw. maskiert und abgefragt werden kann. Letzteres empfiehlt sich besonders, wenn man mehrere Merker benötigt und nicht genug Register zur Verfügung hat.

Bei dem Frequenz-Meßprogramm finden zwei Merker Verwendung: ein Meßzeit-Merker und ein Impuls-Merker. Da die Programmierung dieser Merkertechnik in der Pseudo-Code-Darstellung schwer zu überschauen ist, wird sie in Form eines Ablaufplans in *Abb. 79* dargestellt.

Zum Ablauf des Assemblerprogramms: Zunächst werden die Merker und der Zähler auf Null gesetzt. Da das Programm aus dem Hochsprachenprogramm heraus zu beliebiger Zeit aufgerufen wird, muß zunächst sichergestellt werden, daß die Messung nicht mitten in einem Meßzeit-Intervall beginnt, weil dann eine falsche Frequenz ermittelt würde. Der Computer bleibt daher in einer Schleife, bis eine evtl. begonnene Meßzeit zu Ende ist. Dann beginnt der eigentliche Meßvorgang. Dabei müssen stets zwei Signale, die völlig unabhängig voneinander sind, selektiv verarbeitet werden.

Nach Einlesen von Kanal A wird überprüft, ob Meßzeit vorhanden ist (der Eingang PA1 ist dann „H"). Nehmen wir zum Verständnis des Ablaufs zunächst an, daß dies der Fall ist, wird zunächst der Meßzeit-Merker gesetzt. Dann wird abgefragt, ob ein Impuls anliegt („H" an PA0). Liegt ein solcher

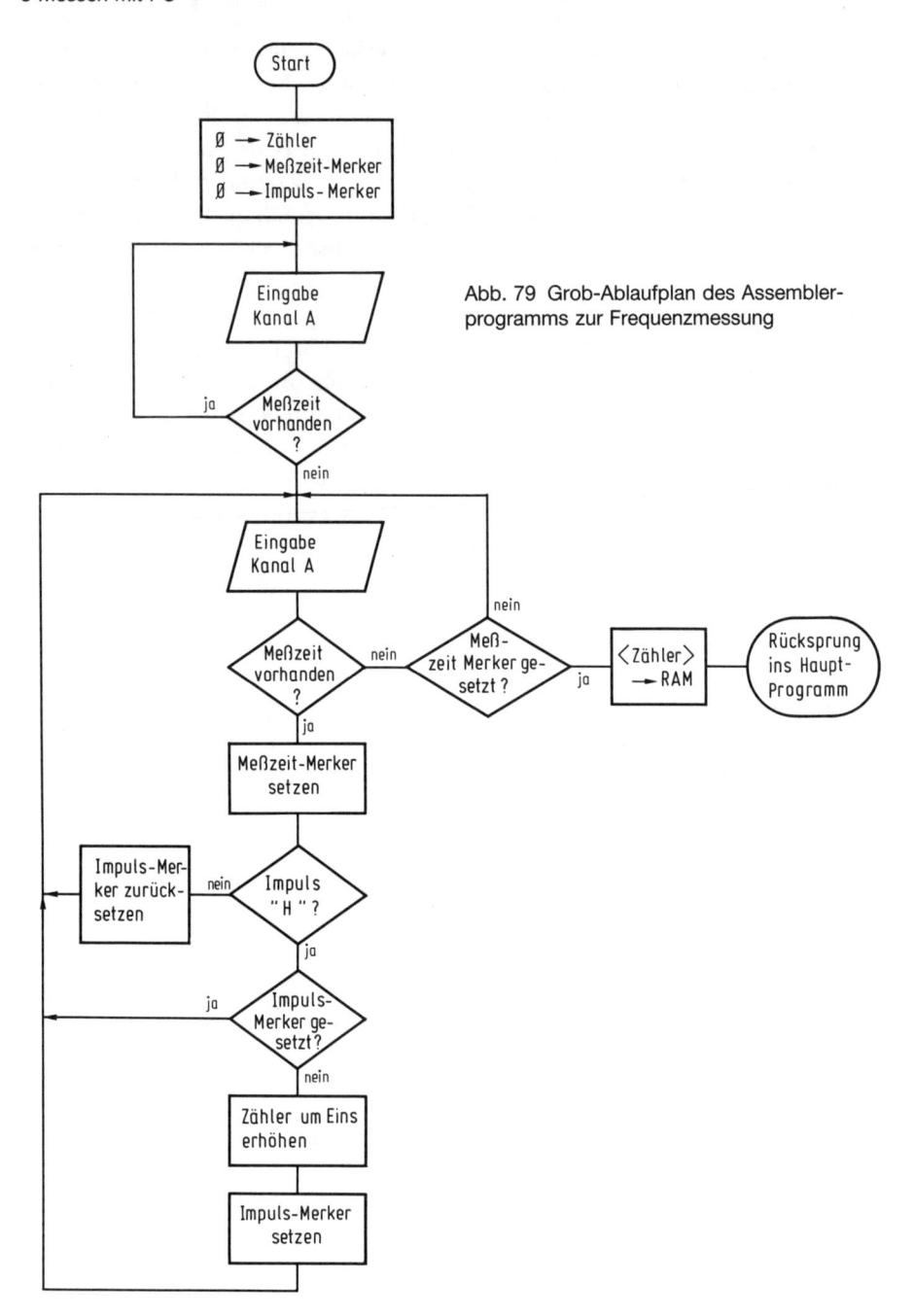

Abb. 79 Grob-Ablaufplan des Assemblerprogramms zur Frequenzmessung

3.3 Schnell veränderliche Größen

zum ersten Mal an, wird er gezählt und sofort der Impuls-Merker gesetzt. Beim nächsten Programmdurchlauf sei die Meßzeit und der Impuls noch vorhanden. Da der Impuls-Merker gesetzt ist, wird der Impuls nicht noch einmal gezählt. Wenn bei einem der nächsten Durchläufe der Impuls zu Ende ist, wird der Impuls-Merker zurückgesetzt und damit der Zähler für den nächsten Impuls freigegeben. Wenn nach wiederholten Durchläufen die Meßzeit zu Ende ist, erkennt der Computer das daran, daß der Meßzeit-Eingang auf „L" liegt *und* der Meßzeit-Merker gesetzt ist. Dann wird der Meßwert zwecks Übergabe an das Hochsprachenprogramm ins AX-Register geladen und das Assemblerprogramm beendet.

Ein Hinweis zum Assemblerprogramm (Seite 124): Der Meßzeit-Merker wird in Register BL und der Impuls-Merker in Register BH gespeichert. Das Registerpaar CX dient als Zähler für die während der Meßzeit registrierten Impulse.

Abb. 100 zeigt den Programmablauf des Programms „Frequenzmessung". Das Assemblerprogramm wird hier als Funktion aufgerufen. Man erkennt das an Zeile 1):

Frequenz_Dig := Ass_Prog

Damit wird das Assemblerprogramm aufgerufen und der von ihm in AX bereitgestellte Meßwert der Variablen Frequenz_Dig zugeordnet. In PASCAL muß diese Funktion vorab deklariert werden:

FUNCTION Ass_Prog:integer; EXTERNAL ...

In BASIC müßte die Zeile lauten:

CALL Ass_Prog (Frequenz).

Das Assemblerprogramm müßte derart umgeschrieben werden, daß das Ergebnis der Messung in die durch den Aufruf übergebene Adresse der Variable Frequenz gespeichert wird.

Der in Zeile 2 angegebene Faktor hängt von der verwendeten Meßzeit ab. Ist sie 1 Sekunde, ist der Faktor 1; ist die Zeit 0,5 s, ist der Faktor 2 usw. Man braucht also für die Meßzeiterzeugung keine teuren Spezialquarze zu verwenden, sondern kann etwaige Zeitabweichungen mit Hilfe des Faktors softwaremäßig korrigieren.

3 Messen mit PC

```
                PUBLIC FREQUENZ
CODE_SEG        SEGMENT
                ASSUME CS:CODE_SEG
FREQUENZ        PROC NEAR
                CLI                     ;Interrupts sperren
                XOR CX,CX               ;Zählregister CX löschen
                MOV BL,0                ;Meßzeit-Merker rücksetzen
                MOV CL,0                ;Impuls-Merker rücksetzen
M1:             IN AL,Kanal A           ;Kanal A einlesen
                TEST AL,02              ;Bit 1 maskieren
                JNZ M1
M4:             IN AL,Kanal A
                TEST AL,02              ;Bit 1 maskieren
                JZ M2
                MOV BL,1                ;Meßzeit-Merker setzen
                TEST AL,01              ;Bit 0 maskieren
                JZ M3
                TEST BH,01              ;Impuls-Merker maskieren
                JNZ M4                  ;Impuls-Merker gesetzt?
                INC CX                  ;Zähler erhöhen
                MOV BH,1                ;Impuls-Merker setzen
                JMP M4
M3:             MOV BH,0                ;Impuls-Merker zurücksetzen
                JMP M4
M2:             TEST BL,01
                JZ M4                   ;Meßzeit-Merker nicht gesetzt?
                MOV AX,CX               ;Frequenz in AX bereitstellen
                STI                     ;Interrupts zulassen
                RET
FREQUENZ        ENDP
CODE_SEG        ENDS
                END
```

3.3 Schnell veränderliche Größen

```
PROGRAMM „Frequenzmessung"
        Lösche Bildschirm
        Schreibe auf BS „Frequenzmessung"
        Gib 153 nach Steuerlogik aus        ;Programmierung
                                            ;des 8255

        WIEDERHOLE BIS Abbruch
1)          Frequenz_Dig: = Ass_Prog
2)          Frequenz: = Frequenz_Dig * Faktor
            Schreibe in Zeile 10 des BS
             „Die Frequenz ist":
            Gib Frequenz auf BS aus
        ENDE_WIEDERHOLE
```

Die Meßgenauigkeit dieser Anordnung hängt im wesentlichen von der Genauigkeit ab, mit der die Meßzeit erzeugt wird. Nach Möglichkeit sollte hier eine Quarz-Zeitbasis verwendet werden. Die obere Grenzfrequenz ist durch die für einen Programmdurchlauf erforderliche Zeit vorgegeben. Sie läßt sich also nicht erhöhen, es sei denn, man geht zu Frequenzteilern (Flipflops bzw. Zähler) über, die der Meßanordnung vorgeschaltet werden. Die untere Grenzfrequenz läßt sich dadurch erniedrigen, daß man längere Meßzeiten wählt. Da der Meßvorgang dadurch sehr träge wird, sollte man bei niedrigen Frequenzen eher die Periodendauer messen und daraus im Hochsprachenprogramm die Frequenz errechnen ($f = 1/T$). Bei niedrigen Frequenzen, also langen Periodendauern, liefert die Periodendauer-Messung nämlich besonders genaue Ergebnisse.

Die Meßanordnung ließe sich dahingehend erweitern, daß man mehrere hintereinandergeschaltete Dezimalteiler-Bausteine an den Taktgenerator anschließt und ihre Ausgänge über einen Multiplexer an den Meßzeit-Eingang der Meßschaltung anschließt. So ließe sich eine elektronische dekadische Umschaltung der Meßzeit-Impulse realisieren (vgl. Kap. 4.8, Abb. 99).

4 Steuern mit PCs

4.1 Einführung

In Kapitel 1.2 wurden die Eigenschaften von A/D- und D/A-Wandlern und die Probleme, die bei ihrem Einsatz zu beachten sind, detailliert behandelt. Hier soll ein konkreter D/A-Wandler vorgestellt werden, der bei Anwendungsbeispielen in den folgenden Kapiteln verwendet wird: der bereits in Kapitel 3.1 als A/D-Wandler eingesetzte ZN425E. Er wurde gewählt, weil er preisgünstig ist.

Abb. 80 zeigt das Blockschaltbild und *Abb. 81* die Sockelstift-Belegung des ZN425E. Dieser Umsetzer von Ferranti hat eine Auflösung von 8 Bit und verwendet zur Wandlung ein Widerstands-Netzwerk, wie bereits in Kapitel 1.2.4 beschrieben (siehe *Abb. 82*). Sein Linearitätsfehler liegt bei ±0,5 LSB, seine Einschwingzeit (settling-time) bei einer Mikrosekunde, bei Einschwingen auf 1 LSB Genauigkeit.

Die *Abb. 83* zeigt die Beschaltung des D/A-Wandlers ZN425E. Statt des Operationsverstärkers µA 741 kann auch der ZN424P verwendet werden

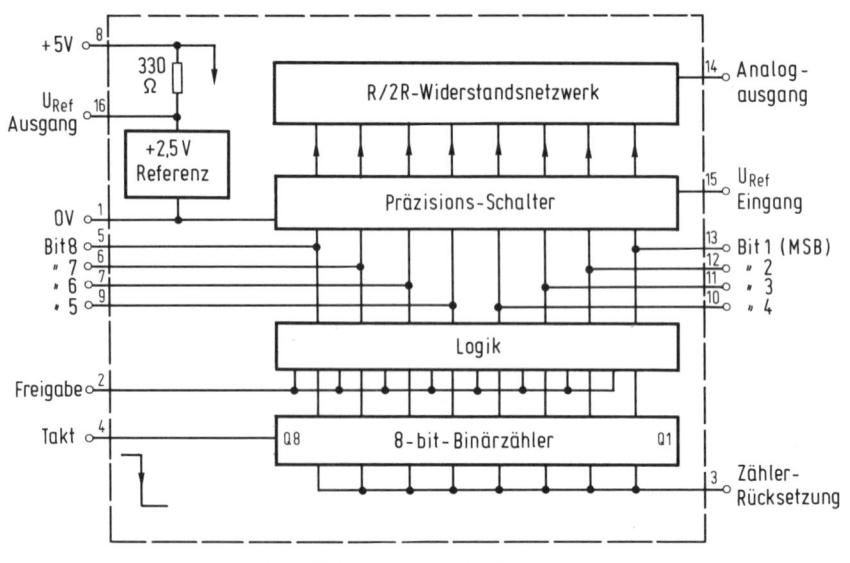

Abb. 80 Blockschaltbild des ZN 425

Abb. 81 Sockelstiftbelegung des ZN 425 (Ansicht von oben!). Man beachte: Bit 8 ist das niederwertigste und Bit 1 das höchstwertige Bit

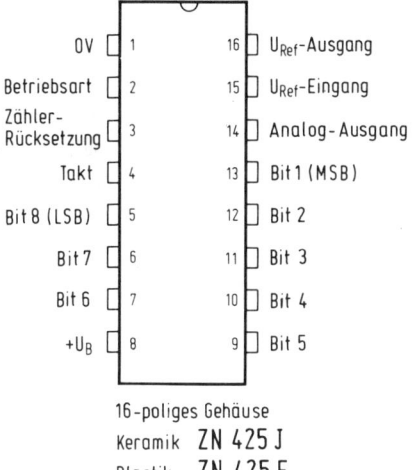

```
            0V         ┤ 1    16 ├ U_Ref-Ausgang
       Betriebsart     ┤ 2    15 ├ U_Ref-Eingang
         Zähler-
       Rücksetzung     ┤ 3    14 ├ Analog-Ausgang
            Takt       ┤ 4    13 ├ Bit 1 (MSB)
        Bit 8 (LSB)    ┤ 5    12 ├ Bit 2
           Bit 7       ┤ 6    11 ├ Bit 3
           Bit 6       ┤ 7    10 ├ Bit 4
           +U_B        ┤ 8     9 ├ Bit 5
```

16-poliges Gehäuse
Keramik ZN 425 J
Plastik ZN 425 E

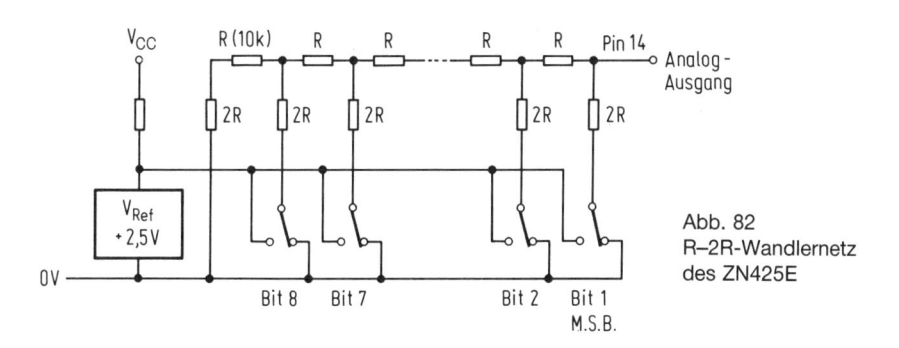

Abb. 82 R–2R-Wandlernetz des ZN425E

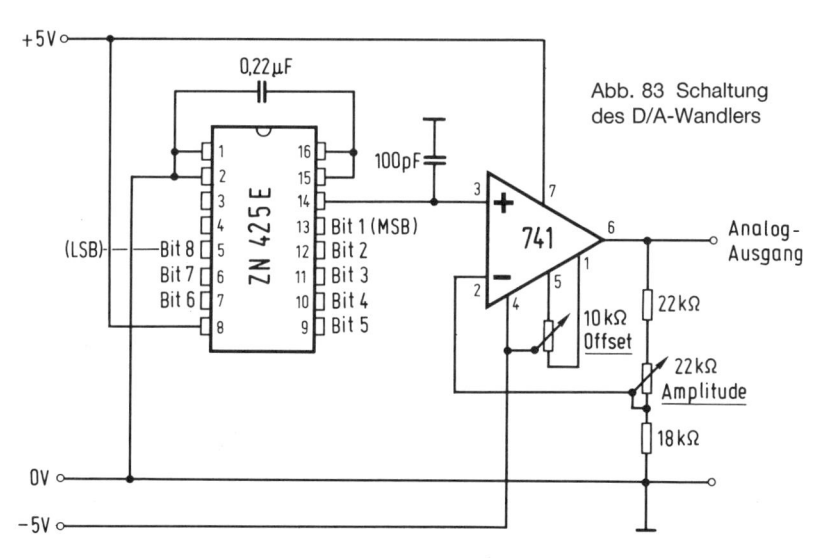

Abb. 83 Schaltung des D/A-Wandlers

(Beschaltung siehe Abb. 47 in Kapitel 3.1). Der Operationsverstärker ist erforderlich, weil der Ausgangswiderstand des Wandlers 10 kΩ beträgt. Dieser Ausgang darf also nur mit wenigen Mikroampere belastet werden, sonst wird die Wandlerkennlinie nichtlinear. Die Anschaltung des Operationsverstärkers hat aber noch einen weiteren Vorteil: Durch Einstellen des Verstärkungsfaktors läßt sich der Ausgangsspannungsbereich vergrößern. Das setzt allerdings voraus, daß man die Versorgungsspannung des 741 erhöht (maximal auf ±15 V!).

Statt der intern erzeugten Referenzspannung kann auch eine externe Spannung von maximal 3 V an Pin 15 zugeführt werden. Die Verbindung nach Pin 16 muß gelöst werden, der nach Masse geschaltete Kondensator muß allerdings an Pin 15 bleiben. Der 100-pF-Kondensator am Analogausgang dient der Glättung von Spannungsspitzen (engl.: glitches), die beim Schalten auftreten können.

Die beiden vorgeschlagenen Operationsverstärker haben leider einen Nachteil: Sie brauchen eine negative Spannungsversorgung, die bei digitalen Schaltungen zunehmend seltener verwendet wird. −5 V sind meist noch vorhanden, aber −12 V sind selten anzutreffen.

Da man beim Wandler immer nur positive Ausgangsspannungen braucht, kann man sich bei den Schaltungen meist auf ±5 V Versorgungsspannung beschränken. Möchte man die −5-V-Spannung ganz vermeiden, greife man z. B. zum Baustein LM 324, der vier Operationsverstärker enthält, die mit einer einzigen 5-V-Versorgungsspannung auskommen.

Der ZN425E hat einen Arbeitstemperatur-Bereich von 0 bis +70 °C; benötigt man einen größeren Bereich, verwende man den ZN425J, der von −55 bis +125 °C arbeitet.

Abgleich

Der Abgleich des Wandlers läßt sich am einfachsten durchführen, wenn dieser über ein Interface mit einem Computer verbunden ist. Zunächst schließt man an seinen Ausgang ein Voltmeter an. Dann gibt man zunächst 0 aus und stellt den Offset-Regler so ein, daß am Ausgang 0 V auftreten. Bei größerer Verstärkung des Operationsverstärkers ist diese Einstellung sehr kritisch. Daher verwende man Wendeltrimmer – möglichst mit Drahtwendel oder Metallschicht, um die starke Temperaturdrift von Kohlewiderständen zu umgehen. Läßt sich auch dann der Nullpunkt nicht präzise einstellen, hilft nur noch eine Aufteilung des 10-kΩ-Widerstands in eine Reihenschaltung von zwei Festwiderständen und einem Trimmer.

Anschließend gibt man 255 (FFh) an den Wandler aus und stellt das Amplituden-Potentiometer so ein, daß die maximal gewünschte Ausgangsspannung auftritt.

Will man den Abgleich ohne Computer machen, muß man zunächst alle Dateneingänge mit Masse und anschließend alle mit +5 V verbinden. Reicht die maximale Ausgangsspannung nicht aus, muß man die Versorgungsspannung des OPs erhöhen (maximal auf ±15 V) und den 2-kΩ-Widerstand im Gegenkopplungszweig erhöhen.

Abb. 84 Grundprinzip der Gleichstrommotor-Steuerung

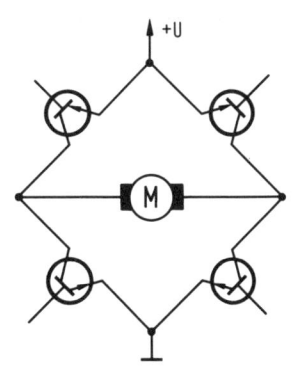

4.2 Gleichstrommotor-Steuerung

Eigenschaften

- Drei Zustände: Rechts-, Linkslauf und Stillstand
- Steuerung durch Betätigen der Tasten: „R", „L" und „S"
- Für Motoren mit 5 V Betriebsspannung und max. 3 A Stromaufnahme

Hardware

Abb. 84 zeigt das Grundprinzip der Schaltung für die Motorsteuerung. Es handelt sich um eine Brückenschaltung, bei der der Motor in der Brückendiagonale liegt. Von den diagonal gegenüberliegenden Transistorpaaren ist jeweils eines im gesperrten und eines im leitenden Zustand. Damit ergeben sich zwei verschiedene Stromfluß- und damit Drehrichtungen für den Gleichstrommotor. Eine Abschaltung des Motors (Motorstillstand) läßt sich dadurch erreichen, daß alle Transistoren gesperrt werden oder nur die unteren beiden.

Abb. 85 zeigt die Schaltung der Motorsteuerung. Um die separate Ansteuerung aller vier Transistoren zu vermeiden, wird hier ein Schaltungstrick angewandt. Die beiden unteren Transistoren steuern ihren jeweils diagonal gegenüberliegenden Transistor mit an. Diese Kreuzkopplung bewirkt ein flipflopähnliches Verhalten. Damit ergibt sich folgende Ansteuerungstabelle:

4 Steuern mit PCs

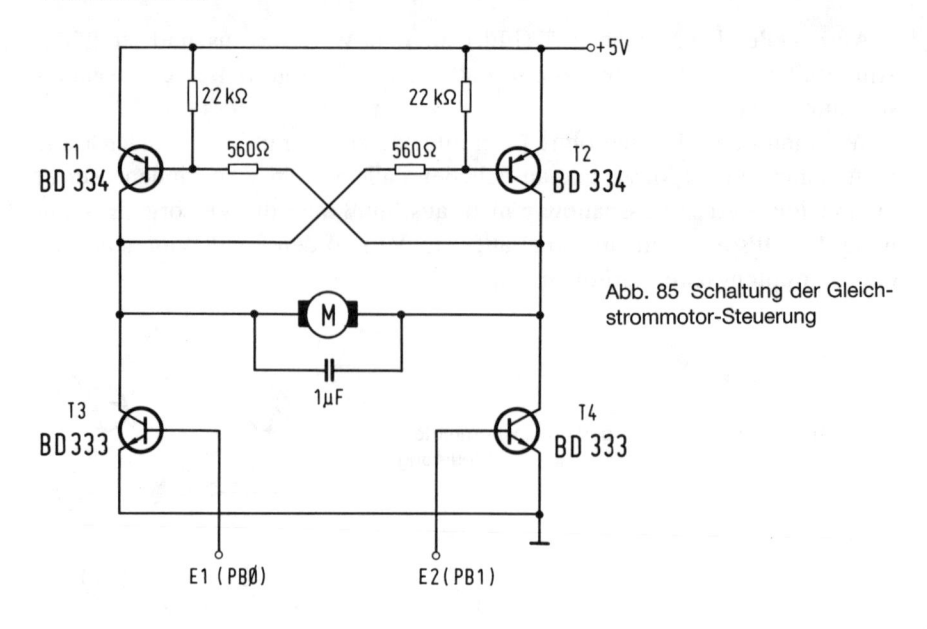

Abb. 85 Schaltung der Gleichstrommotor-Steuerung

Eingangssignale		Wirkung
E1	E2	
L	L	Motorstillstand
L	H	Rechts- bzw.
H	L	Linkslauf
H	H	Verbotener Zustand (Kurzschluß)

Bei den verwendeten Transistoren handelt es sich um Darlington-Transistoren mit hoher Stromverstärkung. Einfache Leistungstransistoren würden wegen des erforderlichen hohen Steuerstroms die Port-Ausgänge zu sehr belasten. Angeschlossen wird die Schaltung an die Anschlüsse PB0 und PB1 (Port B) des Interfaces.

Software

Auf Seite 131 folgt der Programmablauf der Motorsteuerung. Bei Funktionswahl über Tasten tritt häufig das Problem auf, daß man nicht weiß, ob der gewünschte Buchstabe in Groß- oder Kleinschrift eingegeben werden soll. Daher wird in diesem Programm jeweils auf beide Buchstabentypen abgefragt.

PROGRAMM „Motorsteuerung"
    Lösche Bildschirm
    Gib 128 nach Steuerlogik aus   ;Schnittstelle
                                      ;programmieren
    WIEDERHOLE BIS ABBRUCH
        Schreibe „Die Motorsteuerung erfolgt über die Tasten"
        Schreibe „L = Linkslauf"
        Schreibe „R = Rechtslauf"
        Schreibe „S = Stop"
        Schreibe „Gewünschte Funktion wählen"
        Lies Lauf_Wahl von Tastatur ein
        FALLWEISE Lauf_Wahl FÜR
            „R": Gib 2 auf Port B aus   ;Rechtslauf!
            „r": Gib 2 auf Port B aus   ;Rechtslauf!
            „L": Gib 1 auf Port B aus   ;Linkslauf!
            „l": Gib 1 auf Port B aus   ;Linkslauf!
            „S": Gib 0 auf Port B aus   ;Stop!
            „s": Gib 0 auf Port B aus   ;Stop!
    ENDE WIEDERHOLE

Verbesserungen

Die in Abb. 85 dargestellte Schaltung läßt sich auch für leistungsstärkere Motoren verwenden, jedoch müssen die Darlington-Transistoren durch solche mit höherer Strombelastbarkeit und höherer Stromverstärkung ersetzt werden. Eventuell müssen die Basis-Vorwiderstände von T1 und T2 neu dimensioniert werden.

4.3 Schrittmotor-Steuerung

Schrittmotoren werden überall dort eingesetzt, wo es auf eine genau definierte Anzahl von Umdrehungen bzw. Bruchteile von Umdrehungen der Motorwelle ankommt. Das ist beispielsweise der Fall, wenn der Schreib-/Lesekopf einer Diskettenstation auf die gewünschte Spur positioniert werden soll oder wenn der Bohrkopf eines computergesteuerten Fertigungsautomaten (Roboter) auf eine genau vorgegebene Position gebracht werden soll.

Abb. 86 zeigt den prinzipiellen Aufbau eines Schrittmotors. Der Permanentmagnetrotor dreht sich in die Richtung des wirkenden Magnetfelds. Beschickt man also die Statorwicklungen derart mit Strom, daß ein umlaufendes Magnetfeld entsteht (*Abb. 87*), wird der Rotor dem Drehfeld folgen. Pro Spulenumschaltung erfolgt eine Drehung um einen genau definierten Winkel. Die Gesamtzahl der Umschaltungen bestimmt den Drehwinkel des Ankers. Wird der Umschaltvorgang bei einer bestimmten Spule abgebrochen, bleibt der Rotor in dieser Position stehen. Solange die Umschaltgeschwindigkeit nicht zu hoch ist, tritt kein Schlupf auf, daher braucht auch keine Rückmeldung der momentanen Rotorstellung an die steuernde Einheit zu erfolgen, wie das bei Gleichstrommotor-Steuerungen erforderlich ist. Die maximale Impulsfrequenz (= Schritte pro Sekunde) ersehe man aus dem Datenblatt des jeweils gewählten Motors. Bei dem hier gewählten Typ beträgt sie ca. 320 Hz. Das ergibt eine maximale Drehgeschwindigkeit von 8 U/s.

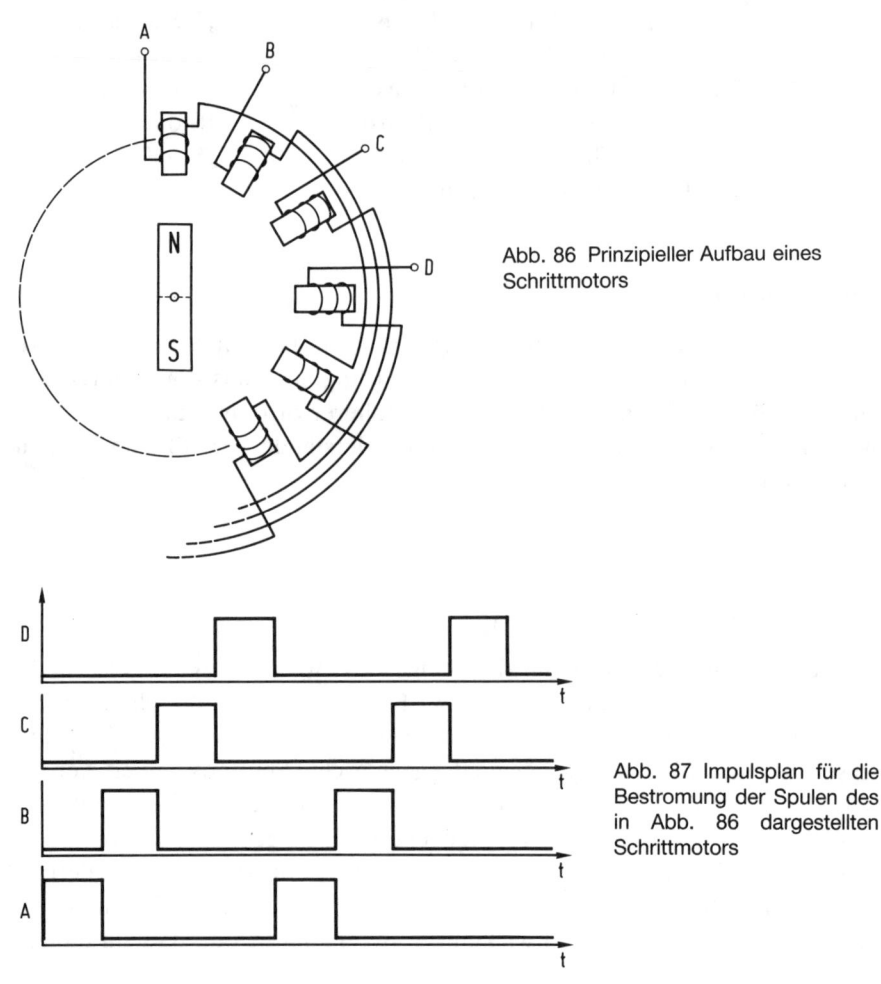

Abb. 86 Prinzipieller Aufbau eines Schrittmotors

Abb. 87 Impulsplan für die Bestromung der Spulen des in Abb. 86 dargestellten Schrittmotors

4.3 Schrittmotor-Steuerung

Eigenschaften

- Drehung um eine vorgebbare Anzahl Umdrehungen
- Wahl der Drehrichtung

Hardware

Abb. 88 zeigt die Schaltung der Motoransteuerung. Bei den vier Transistoren handelt es sich um Darlington-Transistoren. Sie sorgen für die erforderliche hohe Stromverstärkung, da die Kanalausgänge des 8255 nur minimal belastbar sind. Die Schutzdioden, die parallel zu den Motorwicklungen liegen, sollen die beim Ausschalten auftretenden Spannungsspitzen kurzschließen.

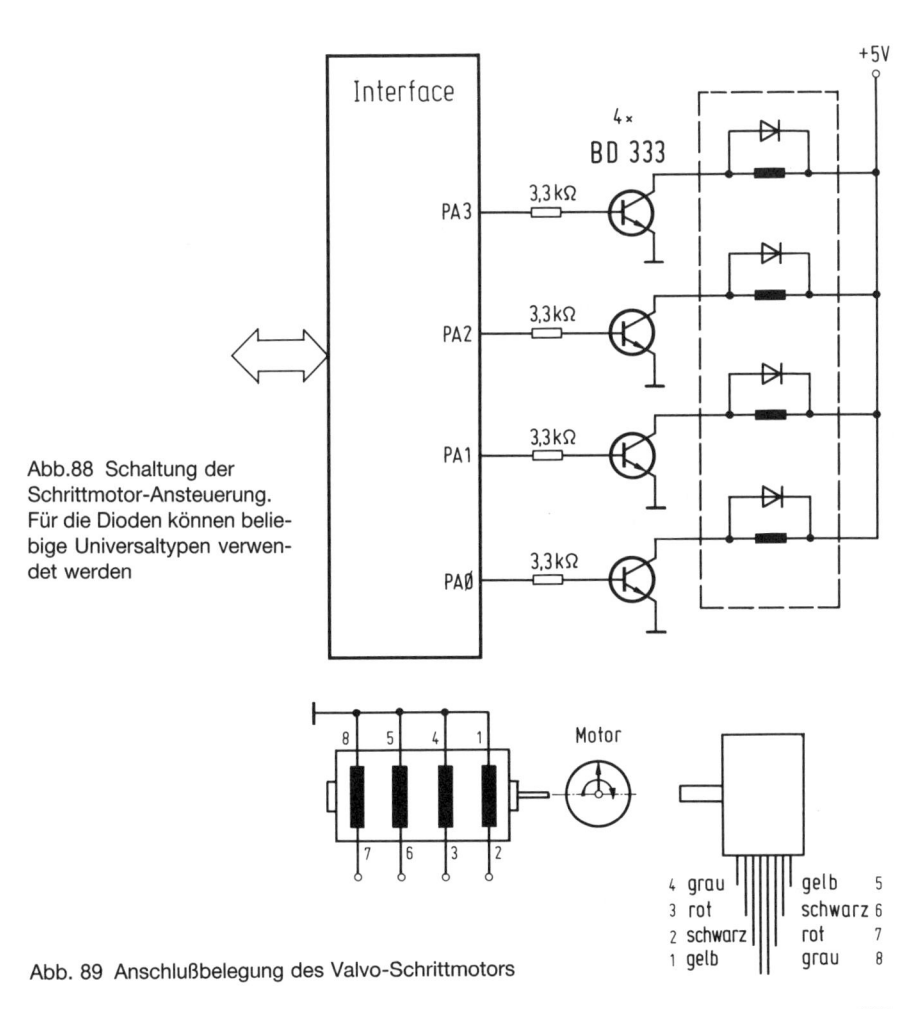

Abb.88 Schaltung der Schrittmotor-Ansteuerung. Für die Dioden können beliebige Universaltypen verwendet werden

Abb. 89 Anschlußbelegung des Valvo-Schrittmotors

Software

Der verwendete Schrittmotor ist ein Valvo-Motor mit vier Wicklungen und 5 V Arbeitsspannung (*Abb. 89*). Die Reihenfolge der Bestromung der Wicklungen für die einzelnen Drehwinkel und die gewünschte Drehrichtung ist durch die folgende Tabelle vorgegeben (vergleiche Valvo-Datenblatt):

Drehwinkel	Pegel an den Spulenanschlüssen							
	Rechtsdrehung				Linksdrehung			
	7	6	3	2	7	6	3	2
0°	H	L	L	H	H	L	L	H
7° 30'	L	H	L	H	H	L	H	L
15°	L	H	H	L	L	H	H	L
22° 30'	H	L	H	L	L	H	L	H
30°	H	L	L	H	H	L	L	H

Die auszugebenden Bitmuster ergeben, in Dezimalzahlen gewandelt, für eine Drehrichtung folgende Zahlenfolge: 9,5,6,10. Damit läßt sich nach Aufbau der Motoransteuerung und deren Anschluß an das Computer-Interface mit folgendem einfachen Testprogramm die einwandfreie Funktion der Schaltung testen:

```
PROGRAMM „Motortest"                    ;Programmierung der
    Gib 128 nach Steuerlogik            ;Schnittstelle
    des 8255 aus
    WIEDERHOLE BIS Abbruch
        Gib 9 auf Port A aus
        Warte 500 ms
        Gib 5 auf Port A aus
        Warte 500 ms
        Gib 6 auf Port A aus
        Warte 500 ms
        Gib 10 auf Port A aus
        Warte 500 ms
    ENDE WIEDERHOLE
```

Seite 135 zeigt den Programmablauf der Schrittmotor-Steuerung. Der Faktor 48 in der Schleife (1) kommt dadurch zustande, daß pro Umdrehung 12mal je 4 Winkelpositionen angefahren werden. Die Wartezeit (eventuell durch

4.3 Schrittmotor-Steuerung

Warteschleifen realisiert – vergleiche Kapitel 1.5), bestimmt die Drehgeschwindigkeit. Sie kann den jeweiligen Bedürfnissen angepaßt werden, wobei die maximal zulässige Impulsfrequenz berücksichtigt werden muß.

```
PROGRAMM „Schrittmotor-Steuerung"
    Gib 128 nach Steuerlogik aus              ; Programmierung des
                                              ; Interface
    A(1):=9, A(2):=5, A(3):=6, A(4):=10       ; Bestromung für die
                                              ; vier Winkelstellungen
    Gib 9 auf Port A aus                      ; Ausgangsstellung
                                              ; des Motors
    Lösche Bildschirm
    Schreibe „Schrittmotor-Steuerung" auf BS
    WIEDERHOLE BIS Abbruch
        Schreibe „Welche Drehrichtung wünschen Sie: ‚R' oder ‚L'?" auf
        Lies Dreh_Richt von Tastatur
        Schreibe „Wieviele Umdrehungen wünschen Sie?" auf BS
        Lies Umdrehung von Tastatur
        WENN Dreh_Richt = „R"
        DANN
1)      FÜR I = 1 BIS 48 * Umdrehung TUE      ; Rechtsdrehung
            WI := WI + 1
            WENN WI := 5
            DANN WI := 1
            ENDE WENN
            Gib A(WI) auf Port A aus
            Warte 10 ms
        ENDE FÜR
        SONST
        FÜR I = 1 BIS 48 * Umdrehung TUE      ; Linksdrehung
            WI := WI - 1
            WENN WI := 0
            DANN WI := 4
            ENDE WENN
            Gib A(WI) auf Port A aus
            Warte 10 ms
        ENDE FÜR
        ENDE WENN
    ENDE WIEDERHOLE
```

4 Steuern mit PCs

Verbesserungen

Bei diesem Programm wird vorausgesetzt, daß der Motor sich zu Beginn in der vorgegebenen Nullposition befindet. Will man das softwaremäßig sicherstellen, muß man an der Motorachse eine Lasche anbringen, die in eine Gabellichtschranke taucht. Das Ausgangssignal dieser Lichtschranke wird über einen der freien Kanäle des Interface-Bausteins abgefragt. Man läßt dann vorab den Motor langsam so lange drehen, bis die Lichtschranke Unterbrechung meldet. Statt der hier vorgesehenen ganzen Umdrehungen kann man auch die Vorgabe eines Drehwinkels ermöglichen, wobei nur ganzzahlige Vielfache von 7,5° angefahren werden können. Im Programm muß daher nur nach Eingabe des Winkels durch 7,5 dividiert und das ganzzahlige Ergebnis als Schleifenende in 1) eingesetzt werden. Aus der Vorzeichenangabe des Winkels läßt sich zudem die Drehrichtung ableiten.

4.4 Programmierbares Netzgerät

Eigenschaften

- Ausgangsspannungs-Bereich: 0 bis 11 V
- Maximaler Laststrom: 6 A
- Spannung in 256 Stufen einstellbar
- Digitale Eingabe der Sollspannung am Computer

Hardware

Abb. 90 zeigt das Blockschaltbild des programmierbaren Netzgeräts. Der Computer gibt den Sollwert der Ausgangsspannung in digitaler Form (Binärzahl) an einen D/A-Wandler, der eine dieser Zahl entsprechende Spannung erzeugt. Diese Spannung wird einem Leistungstransistor – als Emitterfolger

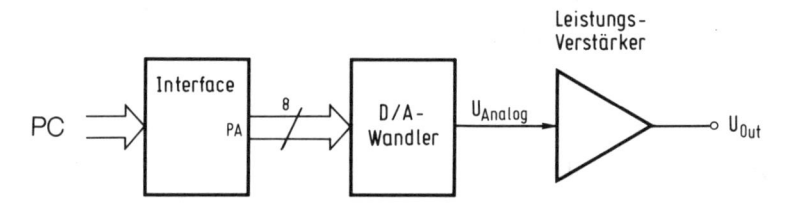

Abb. 113 Blockschaltbild des programmierbaren Netzgeräts

4.4 Programmierbares Netzgerät

geschaltet – zugeführt. Dieser sorgt für die gewünschte Ausgangsleistung.
Abb. 91 zeigt die Leistungsstufe des Netzteils. Sie wird angesteuert von der im Kapitel 4.1 besprochenen D/A-Wandlerschaltung (siehe Abb. 83). Deren acht Datenleitungen werden von Kanal A der Schnittstelle angesteuert. Man beachte, daß Bit 1 MSB ist, also mit PB7 verbunden wird und Bit 8 (LSB) mit PB0 verbunden wird. Die nach einer Wandlungszeit von ca. 1 µs an Anschlußstift 14 ausgegebene Analogspannung wird vom ersten Operationsverstärker verstärkt und dann der Leistungsstufe zugeführt. Da der Wandler pro Erhöhung der Digitalzahl um eins, seine Ausgangsspannung um 10 mV erhöht, beträgt seine maximale Ausgangsspannung 2,56 V. Diese muß zur Ansteuerung der Leistungsstufe auf etwa 12 V verstärkt werden. Die in der Leistungsstufe verwendete Z-Diode begrenzt in Verbindung mit dem Transistor BC 109 die Ausgangsspannung auf knapp 12 V. Ist diese Begrenzung nicht erwünscht, kann die Diode entfallen. Die drei im Leistungsteil des Netzgeräts vorgesehenen Transistoren verursachen eine Spannungsverschiebung von ca. 2,1 V. Da dieser Spannungs-Offset über den gesamten Spannungsbereich praktisch konstant ist – alle ausgegebenen Spannungen sind um diesen Betrag zu niedrig –, kann er leicht korrigiert werden. Hier wurde nicht die Softwarelösung gewählt, sondern der Fehler muß durch entsprechenden Fehlabgleich der Offsetregler der Operationsverstärker kompensiert werden.

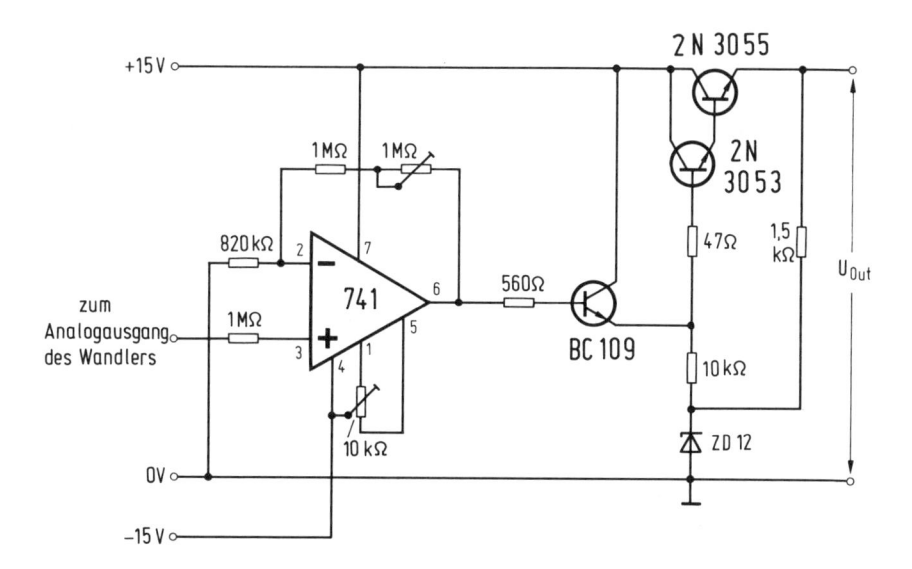

Abb. 91 Leistungsstufe des programmierbaren Netzgeräts

Software

Programmablauf des programmierbaren Netzgeräts:

    PROGRAMM „Netzgerät"
    Lösche Bildschirm
    Schreibe „Pogrammierbares Netzgerät" auf BS
    Gib 128 nach Steuerlogik aus   ;Programmierung des
                                            ;8255
    WIEDERHOLE BIS Abbruch
        Schreibe in Zeile 10 des BS „Gewünschte Spannung eingeben"
        Lies Spannung von Tastatur ein
        WENN Spannung ≤ 11
1)   DANN Spannung_digital :=   ;Ganzzahlwandlung
        Integer (Spannung * 23)
          Gib Spannung_digital auf Port A aus
        SONST
          Schreibe in Zeile 10 des BS „Gewünschte Spannung zu hoch"
          Warte 2 s
        ENDE WENN
        ENDE WIEDERHOLE

Der Faktor 23 in Zeile 1) resultiert daher, daß man den Wandlerbereich – der höheren Genauigkeit wegen – möglichst weitgehend ausnutzen sollte. Hier wird davon ausgegangen, daß der Wandler bei der gewünschten Maximalspannung des Netzgeräts von 11 Volt am Ausgang des Netzgeräts, den Digitalwert 253 erhält. Wird eine zu hohe Spannung gewünscht, wird für 2 Sekunden eine Fehlermeldung ausgegeben und erneut eine Spannungseingabe erwartet.

Abgleich der Schaltung

An den Ausgang des Netzgeräts schließt man ein Spannungsmeßgerät an. Nach Eingeben und Starten des Programms wird zunächst als Sollspannung 0 V eingegeben. Nun werden die Offsetregler der Operationsverstärker so eingestellt, daß am Ausgang des Netzgeräts genau 0 V erscheinen. Dann wird als Sollspannung 10 V eingegeben und die Ausgangsspannung mit Hilfe des Amplituden-Potentiometers und des 1-MΩ-Trimmpotis genau auf 10 V eingestellt. Diese Abgleichvorgänge sollte man so lange wiederholen, bis die Meßwerte in beiden Fällen korrekt sind. Damit ist die Schaltung funktionsfähig fertiggestellt.

Verbesserung

Statt die Rückkopplung des zweiten Operationsverstärkers an seinen eigenen Ausgang anzuschließen, könnte man sie auch mit dem Ausgang des Netzteils verbinden. Das würde die Linearität erhöhen und die Abhängigkeit der Ausgangsspannung vom Laststrom verringern. Bei unsauberem Aufbau besteht jedoch die Gefahr der Selbsterregung (unkontrolliertes Schwingen).

4.5 Programmierbare Konstantstromquelle

Eigenschaften

Konstantstrom von 0 bis 1000 mA einstellbar in Stufen von 4 mA

Hardware

Während Konstantspannungsquellen oder einfach: Spannungsregler, jedem Techniker vertraut sind, werden Konstantstromquellen häufig mit der bei Netzgeräten üblichen Strombegrenzung verwechselt.

Konstantstromquellen sorgen für einen konstant fließenden Strom – weitgehend unabhängig vom Innenwiderstand des Verbrauchers. Sinkt der Strom, so erhöht die Konstantstromquelle die Ausgangsspannung so lange, bis der Strom wieder seinen vorgesehenen Wert erreicht. Natürlich kann die Spannung nur bis zu einem vorgegebenen Wert ansteigen – bei dieser Schaltung sind das ca. 11 V.

Abb. 92 zeigt das Blockschaltbild der programmierbaren Konstantstromquelle und *Abb. 93* den Schaltplan der Vorverstärker- und Leistungsstufe. Wie man anhand des Blockschaltbilds erkennt, muß diese an den D/A-Wandler (Abb. 83 in Kapitel 4.1) angeschlossen werden.

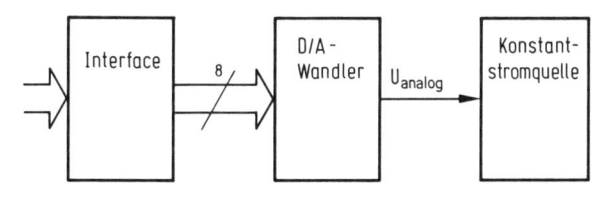

Abb. 92 Blockschaltbild der Konstantstromquelle

4 Steuern mit PCs

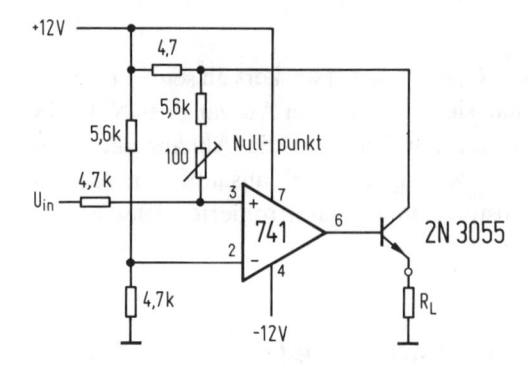

Abb. 93 Vorverstärker und Leistungsstufe der Konstantstromquelle

Software

Der Programmablauf der programmierbaren Konstantstromquelle folgt unten. Die Zahl 4 in Zeile 1) resultiert daher, daß man den Wandlerbereich – der höheren Genauigkeit wegen – möglichst weitgehend ausnutzen sollte. Hier wird davon ausgegangen, daß der Wandler, bei Wahl des Maximalstroms der Konstantstromquelle von 1000 mA, den Digitalwert 250 erhält. Wird ein zu hoher Strom gewünscht, wird für 2 Sekunden eine Fehlermeldung ausgegeben und erneut eine Stromeingabe erwartet.

```
         PROGRAMM „Programmierbare Konstantstromquelle"
         Lösche Bildschirm
         Schreibe „Programmierbare Konstantstromquelle" auf BS
         Gib 128 nach Steuerlogik aus            ; Programmierung des
                                                 ; 8255
         WIEDERHOLE BIS Abbruch
           Schreibe in Zeile 10 des BS „Gewünschten Strom in mA eingeben"
           Lies Strom von Tastatur ein
           WENN Strom < 1001
1)         DANN Strom_digital := Integer(Strom/4)   ; Ganzzahlwandlung
             Gib Strom_digital auf Port A aus
             Strom := Strom_digital * 4
             Schreibe in Zeile 12 des BS: „Der ausgegebene Strom beträgt:"
             Gib Strom auf BS aus
             Schreibe „mA"
           SONST
             Schreibe in Zeile 10 des BS „Gewünschter Strom zu hoch"
             Warte 2 s
           ENDE WENN
         ENDE WIEDERHOLE
```

Abgleich

Beim Aufbau der Schaltung (Abb. 93) sollte darauf geachtet werden, daß die beiden 5,6-kΩ-Widerstände möglichst gleichen Widerstand haben. Derjenige mit dem etwas kleineren Widerstand wird in Reihe mit dem Nullpunkt-Trimmer geschaltet!

Nach Aufbau der Schaltung und ihrem Anschluß an den Computer und D/A-Wandler schließt man einen Lastwiderstand (R_L) von ungefähr 5 Ω an den Ausgang an, in Reihe geschaltet mit einem Strom-Meßgerät. Dann wird das Programm gestartet und als gewünschter Strom 0 eingegeben. Der Offsetregler des D/A-Wandlers und der Nullpunktregler des Operationsverstärkers in Abb. 93 werden nun so eingestellt, daß über den Lastwiderstand kein Strom fließt. Als nächstes wird 1000 mA als gewünschter Strom vorgegeben. Der Amplitudenregler wird dann so eingestellt, daß ein Strom von genau 1000 mA über den Lastwiderstand fließt.

4.6 Steuern des Puls-Pause-Verhältnisses

In der Vergangenheit wurde die Drehzahl von Gleichstrommotoren dadurch gesteuert, daß man den Strom durch einen in Reihe geschalteten regelbaren Vorwiderstand begrenzte. Dieser Widerstand wurde in komfortableren Schaltungen durch einen Leistungstransistor ersetzt. Das ermöglichte eine elegante automatische Steuerung bzw. Regelung der Drehzahl, war aber vor allem bei niedrigen Drehzahlen mit geringem Wirkungsgrad verbunden. Wegen der stetigen Energieverteuerung gewann der Wirkungsgrad zunehmend an Bedeutung und es rückten Steuerungen und Regelungen in den Vordergrund, die verlustärmer, also mit höherem Wirkungsgrad arbeiteten.

Eine solche sehr verlustarme Steuerung eines Gleichstrommotors besteht darin, den Motor mit gepulster Gleichspannung zu betreiben. Dabei wird die Pulsfrequenz konstant gehalten und das Puls-Pause-Verhältnis variiert. Das entspricht der bei Wechselstrom-Steuerungen mit Thyristoren üblichen Veränderung des Stromfluß-Winkels durch Phasenanschnitt. Langer Puls und kurze Pause ergibt hohe Motorleistung, kurzer Puls und lange Pause entsprechend niedrige Leistung. Da der Transistor bei der pulsförmigen Ansteuerung nur zwei Arbeitspunkte hat – gesperrter und leitender Zustand – die beide sehr niedrige Verlustleistungen aufweisen, ergibt sich insgesamt ein hoher Wirkungsgrad.

Die pulsförmige Ansteuerung bringt noch einen weiteren Vorteil: Da das Anlaufdrehmoment bei Elektromotoren von der anliegenden Spannung abhängig ist, hier aber selbst bei kurzer Pulsdauer die volle Spannung anliegt, erhält man bei allen Drehzahlen ein optimales Drehmoment.

Hinsichtlich der gewählten Pulsfrequenz hat sich der Bereich von 100 bis 200 Hz als günstig erwiesen. Zu niedrige Frequenzen führen dazu, daß die Motoren bei niedrigen Drehzahlen unrund laufen; andererseits führen zu hohe Frequenzen zu erhöhten Wirbelstromverlusten im Anker (zu häufiges Durchlaufen der Hysteresekurve). Die Steuerfrequenz kann sich auch akustisch bemerkbar machen (singendes Geräusch, das sich vom Motor auf das Getriebe bzw. den Ständer überträgt).

Leistungsmerkmale

● Veränderung des Puls-Pause-Verhältnisses in 256 Schritten
● Puls-Periode-Verhältnis von 0,4 % bis 99,6 % steuerbar
● Pulsfrequenz ca. 200 Hz
● Max. Ausgangsstrom ca. 3 A

Hardware

Abb. 94 zeigt das Blockschaltbild der Steuerung. Von Kanal A der Schnittstelle wird die ausgegebene Steuergröße in einen Zwischenspeicher übernommen. Dessen Inhalt wird mit Hilfe eines Komparators mit einem 8-Bit-Zähler, der von einem Taktgeber pausenlos hochgezählt wird (von 0 bis 255), verglichen. Bei Beginn des Zählvorgangs wird am Ausgang der Schaltung „H"-Niveau ausgegeben (Puls); sobald der Zählerinhalt mit dem im Zwischenspeicherinhalt übereinstimmt, tritt am Ausgang der Schaltung für die verbleibende Zeit des Hochzählvorgangs ein „L"-Niveau auf (Pause).

Abb. 95 zeigt den Logikplan und *Abb. 96* den Verdrahtungsplan der PPV-Steuerung. Die Frequenz des Taktgenerators (Timer-Baustein 555)

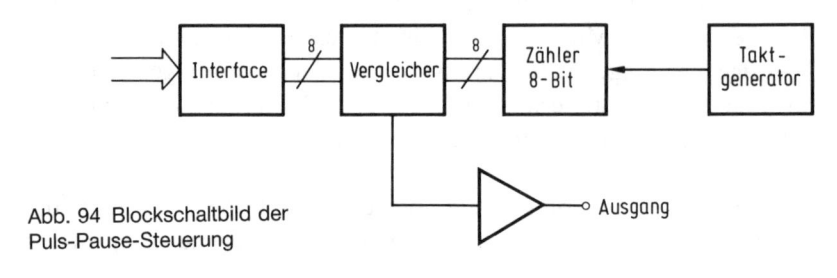

Abb. 94 Blockschaltbild der Puls-Pause-Steuerung

4.6 Puls-Pause-Verhältnis

Abb. 95 Logikplan der Puls-Pause-Steuerung

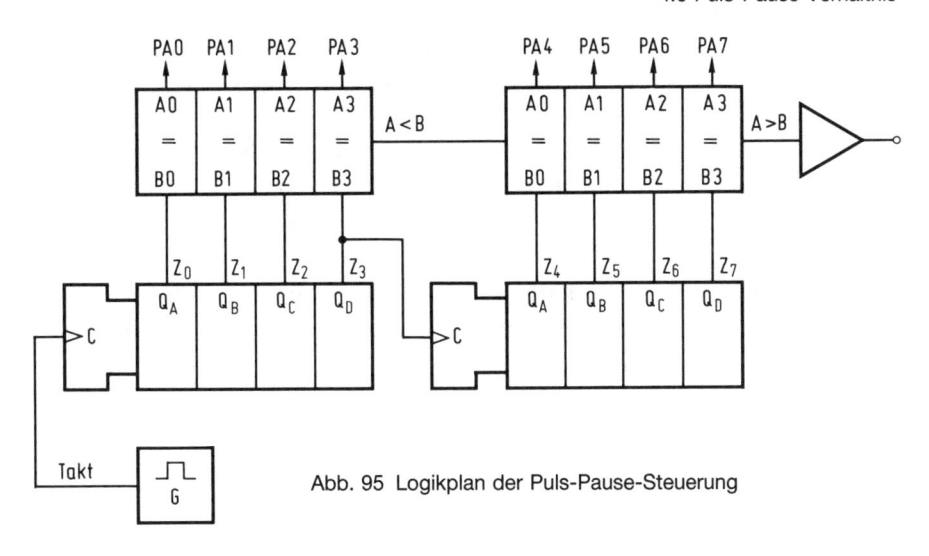

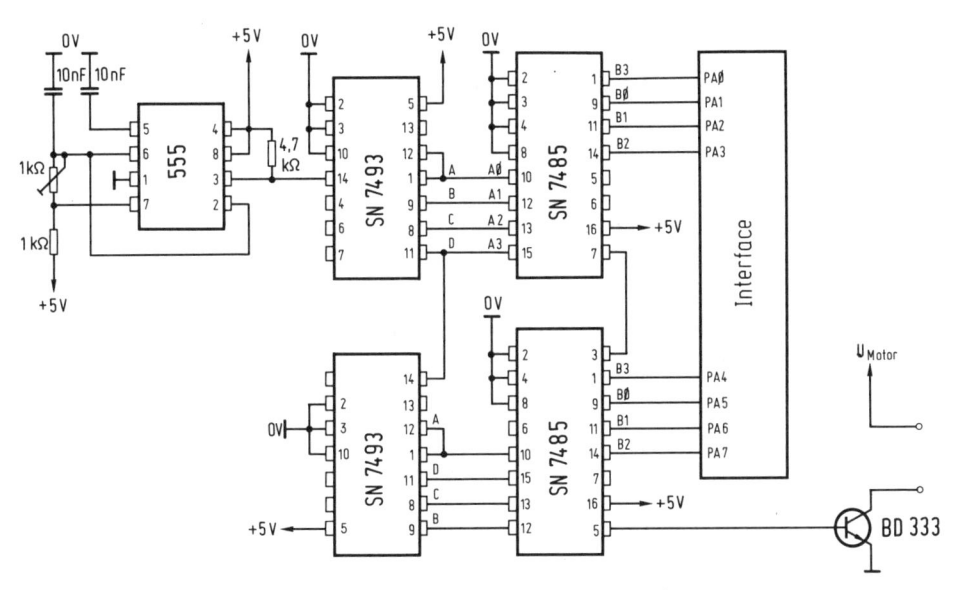

Abb. 96 Verdrahtungsplan der Puls-Pause-Steuerung

wird mit Hilfe des 1-kΩ-Widerstands auf 51,2 kHz eingestellt. Das ergibt eine Periodendauer von 5 ms, also eine Steuerfrequenz von 200 Hz. Auf diese Frequenz beziehen sich auch die vom Programm auf dem Bildschirm ausgegebenen Zahlenwerte. Verwendet man eine andere Torzeit, muß Zeile 1) und 2) in der Beschreibung des Programmablaufs entsprechend geändert werden. Die Kollektorspannung des Leistungs-Darlingtontransistors hängt von der Betriebsspannung des angeschlossenen Motors ab. Will man keinen Motor antreiben, muß man einen Kollektorwiderstand einbauen.

Software

Betreibt man mit dieser Schaltung einen Gleichstrommotor, beachte man, daß diese Motoren wegen der Permanentmagnete ein Mindest-Puls-Pause-Verhältnis zum Anlaufen benötigen.

```
     PROGRAMM „Puls-Pausen-Steuerung"
        Gib 128 nach Steuerlogik aus            ;Programmierung
                                                ;des 8255
        Gib 0 auf Port A aus
        Weiter := „j"
        WIEDERHOLE SOLANGE Weiter = „j"
           Lösche Bildschirm
           Schreibe „Puls-Pausen-Steuerung" auf BS
           Schreibe „Pulsdauer in % eingeben (maximal 100 %)!" auf BS
           Lies Pulsdauer von Tastatur ein
           Puls_digital:= Integer (Pulsdauer * 255/100)
           Gib Puls_digital auf Port A aus
1)         Puls := Integer (5000/255 * Puls_digital)   ;Berechnung der
                                                       ;Pulsdauer
           Schreibe „Pulsdauer in Mikrosekunden:" auf BS
           Gib Puls auf BS aus
2)         Pause := Integer (5000-Puls)         ;Berechnung der
                                                ;Pausendauer
           Schreibe „Pausendauer in Mikrosekunden" auf BS
           Gib Pause auf BS aus
           Schreibe „Neue Eingabe gewünscht (j/n)? auf BS
           Lies Weiter von Tastatur
        ENDE WIEDERHOLE
        Gib 0 auf Port A aus.
```

4.7 Programmierbarer Sinusgenerator

Eigenschaften

- Digital programmierbarer Sinusgenerator
- Frequenzbereich: 20 Hz bis 20460 Hz im 20-Hz-Raster
- Niedriger Klirrfaktor
- Hohe Amplitudenkonstanz

Für das automatisierte Aufnehmen von Filterkurven bzw. Frequenzgängen von Verstärkern benötigt man programmierbare Frequenzgeneratoren. Sie lassen sich mit Hilfe von integrierten Funktionsgeneratoren, wie z. B. dem XR 2206, aufbauen. Dieser erzeugt durch Überlagerung verschiedener Rechteckfrequenzen eine stufenlos veränderbare Frequenz. Die Frequenzeinstellung geschieht dabei mit Hilfe einer extern zugeführten Spannung, die beispielsweise von einem D/A-Wandler in Verbindung mit einem Computer erzeugt wird. Das Syntheseverfahren hat den Vorteil, daß beliebige Kurvenformen (Sinus, Rechteck, Dreieck und Sägezahn) erzeugt werden können. Man muß jedoch – vor allem bei hohen Frequenzen – einen hohen Klirrfaktor in Kauf nehmen. Wenn es auf einen sehr niedrigen Klirrfaktor ankommt, empfiehlt sich die Verwendung eines RC-Generators, speziell als Wien-Robinson-Brücken-Oszillator. Die aus RC-Gliedern bestehende Wien-Robinson-Brücke (*Abb. 97*) dient hier als frequenzbestimmendes Glied. Da die Frequenz nur von R und C abhängig ist und sich Widerstände leicht verändern bzw. umschalten lassen, bietet sich dieser RC-Generator für eine digital steuerbare Frequenzerzeugung geradezu an.

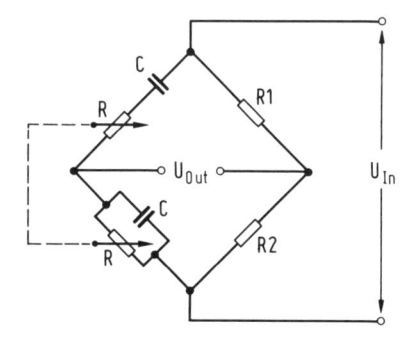

Abb. 97 Wien-Robinson-Brückenschaltung

4 Steuern mit PCs

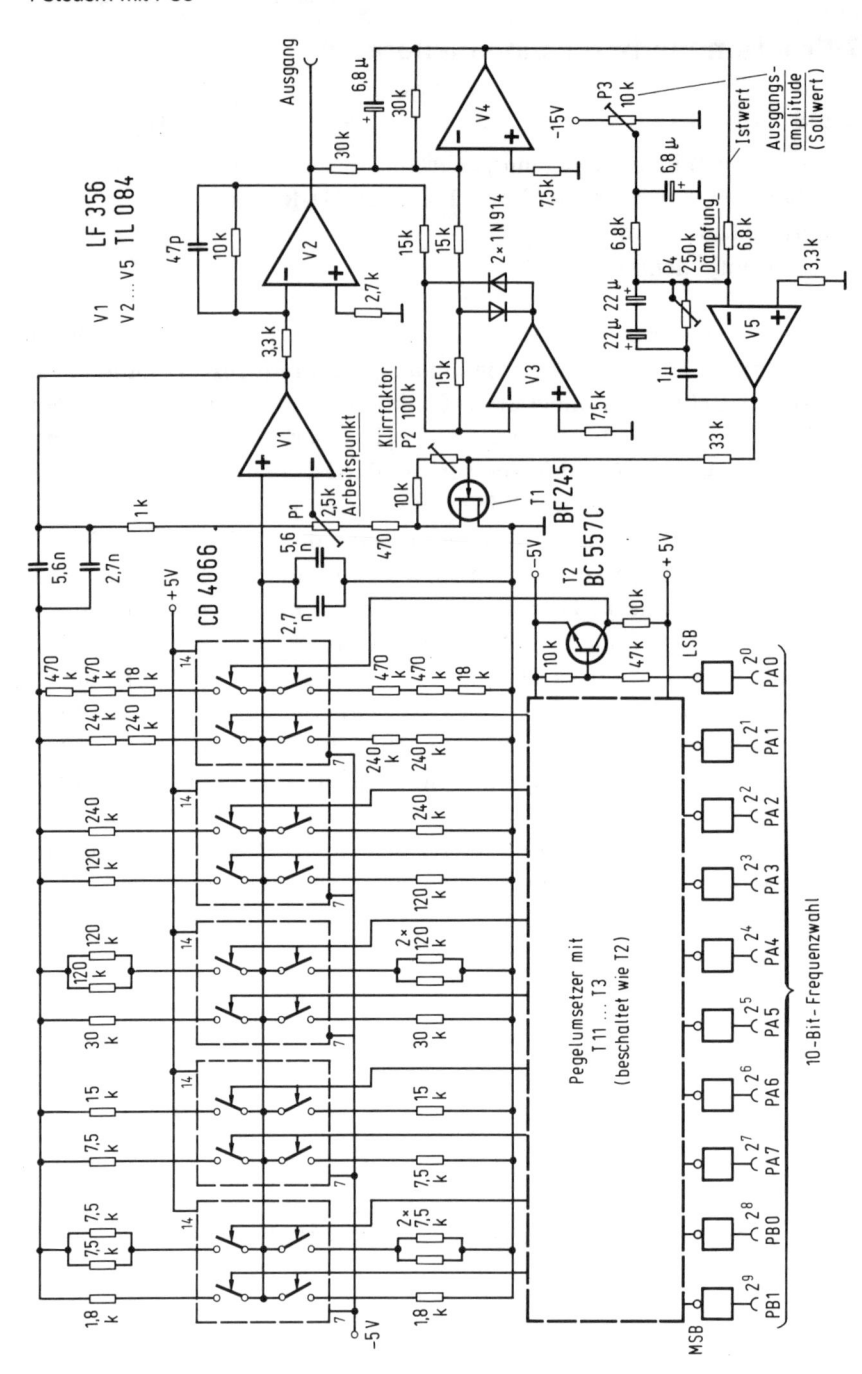

Abb. 98 Schaltung des RC-Sinus-Generators

Hardware

Abb. 98 zeigt die von Rüttger vorgeschlagene Schaltung. Die in Abb. 97 für die Frequenzeinstellung vorgesehenen Regelwiderstände R werden hier durch eine Vielzahl von Widerständen ersetzt, die durch den CMOS-Schalter CD 4066, dem gewünschten Gesamtwiderstand entsprechend, parallelgeschaltet werden. Sie bilden zusammen mit dem Verstärker LF 356 den Oszillator. Der nachgeschaltete Verstärker entkoppelt Verbraucher und Oszillator. Nachteile der RC-Oszillatoren sind die Schwankungen der Ausgangsamplitude über den Frequenzbereich und in Abhängigkeit von der Versorgungsspannung. Um diese zu beheben, ist eine aus drei Operationsverstärkern bestehende Regelschaltung vorgesehen.

```
PROGRAMM „Frequenz-Generator"
   Gib 128 nach Steuerlogik aus              ;Programmierung des
                                             ;8255
   Gib 0 auf Port A aus
   Weiter := „j"
   WIEDERHOLE SOLANGE Weiter = „j"
      Lösche Bildschirm
      Schreibe „Frequenzgenerator" auf BS
      Schreibe „Gewünschte Frequenz in Hz eingeben!" auf BS
      Lies Frequenz von Tastatur ein
      WENN Frequenz ≤ 20 460
      DANN Fre:= Integer(Frequenz /20 + 0,5)
         Schreibe „Die erzeugte Frequenz:" auf BS
         Gib 20 * Fre auf BS aus
1)       Fre_High:= Integer(Fre/250)         ;Berechnung der
                                             ;oberen 2 Bit
2)       Fre_Low:= Fre - Fre_High * 256      ;Berechnung der
                                             ;unteren 8 Bit
         Gib Fre_High auf Port B aus
         Gib Fre_Low auf Port A aus
         Schreibe „Andere Frequenz gewünscht (j/n)?" auf BS
         Lies Weiter von Tastatur
      SONST
         Schreibe „Falsche Frequenzeingabe"
         Warte 2 Sekunden
   ENDE WIEDERHOLE
```

Software

Zunächst erfolgt die Abfrage der Sollfrequenz und ihre Umrechnung in die nächstgelegene Frequenz des 20-Hz-Rasters und die Ausgabe dieser Raster-Frequenz auf dem Bildschirm (*Abb. 125*). Die errechnete Steuergröße (= Vielfaches von 20 Hz) für den Frequenzgenerator muß dann in zwei 8-Bit-Worte zerlegt werden (Zeilen (1) und (2)), wobei von dem höherwertigen Wort Fre_High nur die unteren zwei Bit benötigt werden, da die Ansteuerung des Oszillators mit 10 Bit erfolgt. Die beiden Werte Fre_High und Fre_Low werden dann nacheinander auf den Kanälen B und A ausgegeben. Dann erfolgt die Abfrage, ob eventuell eine neue Frequenz eingegeben werden soll.

Abgleich der Schaltung

Als gewünschte Frequenz wird 20 Hz eingegeben. Dann wird die Source-Drain-Strecke des FETs kurzgeschlossen und P1 so eingestellt, daß die Schaltung zu schwingen beginnt. Nach Aufheben des Kurzschlusses kann P2 auf maximale Linearität der FET-Kennlinie (minimalen Klirrfaktor) eingestellt werden.

4.8 Programmierbarer Rechteckgenerator

Eigenschaften

- Erzeugung von Rechteckfrequenzen von 10 Hz bis 100 kHz
- Ausgangspegel: TTL
- Maximaler Fehler: ca. 2%
- Puls-Pause-Verhältnis 1:1

Hardware

Für die variable Erzeugung von Rechteckfrequenzen bieten sich im wesentlichen drei Verfahren an: das PLL-Verfahren (Phase Locked Loop), das heute für die Frequenzaufbereitung bei Sende- und Empfangsanlagen weit verbreitet ist und trotz der verfügbaren Integrierten Schaltungen noch sehr aufwendig ist, der spannungsgesteuerte Oszillator (VCO) – eine Teilkomponente der PLL-Schaltung – und ein einfaches Zählverfahren.

4.8 Rechteckgenerator

Das PLL-Verfahren ist, wenn man programmierbare digitale Frequenzteiler verwendet, extrem stabil und genau hinsichtlich der gewünschten Frequenz. Die VCO-Schaltung ist am einfachsten aufzubauen, da sie nur aus einem VCO-Baustein besteht, dessen Spannungseingang von einem D/A-Wandler angesteuert wird, ist jedoch nicht sehr temperaturstabil und schwierig zu linearisieren.

Hier soll das dritte Verfahren verwendet werden, weil es bei mittlerem Aufwand gute Ergebnisse hinsichtlich Genauigkeit und Stabilität bringt.

Das Verfahren verwendet einen programmierbaren Zähler, der regelmäßig auf einen vom Computer vorgegebenen Anfangswert gesetzt wird und dann bis Null herunterzählt. Wenn er bei Null angekommen ist, kippt er mit der Übertragsleitung (Borrow) des letzten Zählers ein J-K-Flipflop in den entgegengesetzten Zustand (Toggle-Flipflop) und lädt alle Zähler-Bausteine erneut mit dem Zähleranfangswert, der von Port A und B geliefert wird. Ein Zählerdurchgang bestimmt also die Puls- und ein weiterer Durchgang die Pausendauer.

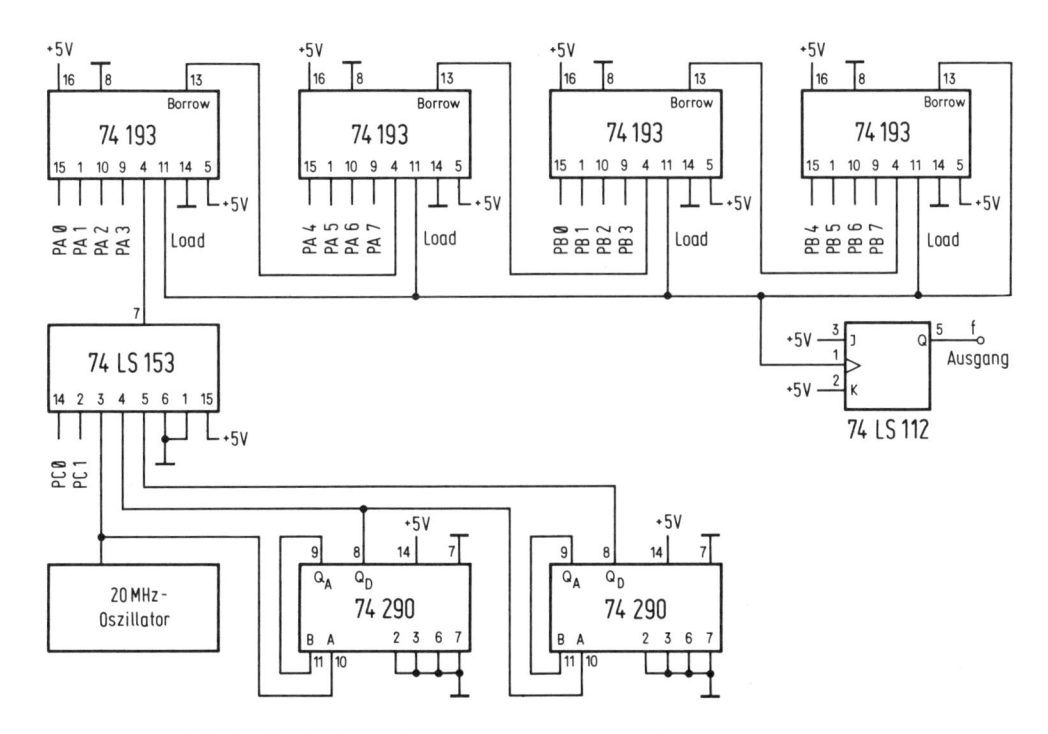

Abb. 99 Verdrahtungsplan des programmierbaren Rechteckgenerators

149

4 Steuern mit PCs

Die Schnelligkeit mit der heruntergezählt wird und damit die Ausgangsfrequenz der erzeugten Pulsfolge wird von der Taktfrequenz bestimmt. Sie wird von einem Quarzgenerator erzeugt und in zwei dekadischen Teilern heruntergeteilt. Damit stehen drei Taktfrequenzen für den Zähler zur Verfügung (20 MHz, 2 MHz und 200 kHz). Welche Frequenz zum Zählen verwendet wird, bestimmt ein Multiplexer, der von Port C des Computers gesteuert wird. Die vierte Stellung des Multiplexers wird dazu benutzt, den Zählvorgang abzubrechen, und damit die Frequenzausgabe zu beenden.

Abb. 99 zeigt den Verdrahtungsplan des Frequenzgenerators. Die entsprechend gekennzeichneten Eingänge der Zählbausteine müssen mit den zugehörigen Ausgängen von Kanal A, B und C verbunden werden.

Software

```
PROGRAMM „Rechteck-Generator"
   Gib 128 nach Steuerlogik aus        ;Programmierung des
   Gib 0 auf Port A aus                ;8255
   Weiter:= „j"
   WIEDERHOLE SOLANGE Weiter = „j"
     Lösche Bildschirm
     Schreibe „Frequenzgenerator" in Zeile 10 des BS
1)   Schreibe „Gewünschte Frequenz in Hz eingeben!" auf BS
     Lies Frequenz von Tastatur ein
     WENN Frequenz = 0
     DANN Fre:= 0
       Gib 0 auf Port C aus            ;Takt abgeschaltet
     SONST
       WENN Frequenz < 21
       DANN Fre:= Integer(200000/Frequenz/2)
         Gib 1 auf Port C aus          ;200-kHz-Takt
       SONST
         WENN Frequenz < 201
         DANN Fre:= Integer(2000000/Frequenz/2)
           Gib 2 auf Port C aus        ;2-MHz-Takt
         SONST
           WENN Frequenz < 100001
           DANN Fre:= Integer(20000000/Frequenz/2)
             Gib 3 auf Port C aus      ;20-MHz-Takt
           SONST Schreibe „Frequenz zu hoch" in Zeile 11 des BS
             Warte 3 Sekunden
```

4.8 Rechteckgenerator

        ABBRUCH,1
       ENDE WENN
      ENDE WENN
     ENDE WENN
    ENDE WENN
    Zähler_High:= Integer(Fre/256)   Berechnung der
                                               ;oberen 8 Bit
    Zähler_Low:= Fre - Zähler_High * 256   ;Berechnung der
                                               ;unteren 8 Bit
    Gib Fre_High auf Port B aus
    Gib Fre_Low auf Port A aus
    Schreibe „Andere Frequenz gewünscht (j/n)?" auf BS
    Lies Weiter von Tastatur
ENDE WIEDERHOLE

Das Programm hat lediglich die Aufgabe, den Dialog mit dem Benutzer zu führen, den Multiplexer so zu steuern, daß er die richtige Zählfrequenz durchschaltet und die Zahl zu berechnen, mit der der Abwärtszähler regelmäßig geladen wird. Die Angabe „Integer" bedeutet die Berechnung einer Zahl ohne Nachkommastellen.

5 Regeln mit PCs

5.1 Grundbegriffe der Regeltechnik

Die Regeltechnik ist ein sehr umfangreiches Gebiet. Die Durchdringung ihrer exakten Theorie oder eine genaue Vorherberechnung eines stetigen Regelkreises setzt gute Kenntnisse der höheren Mathematik (Differential- und Integralrechnung usw.) voraus. Daher soll hier nur eine kurze Einführung in dieses Gebiet gegeben werden. *Abb. 100* zeigt das Grundprinzip eines Regelkreises mit den in DIN 19226 vorgegebenen Bezeichnungen. Die Regelstrecke ist beispielsweise ein Ofen (*Abb. 101*), dessen Temperatur konstant gehalten werden soll, oder ein Motor, dessen Drehzahl stabilisiert werden soll. Der Regler erfaßt die Regelgröße x – also die Temperatur bzw. Drehzahl – und vergleicht sie mit dem Sollwert dieser Größe, der Führungsgröße w. Aus der Differenz zwischen Ist- und Sollwert der Regelgröße, der

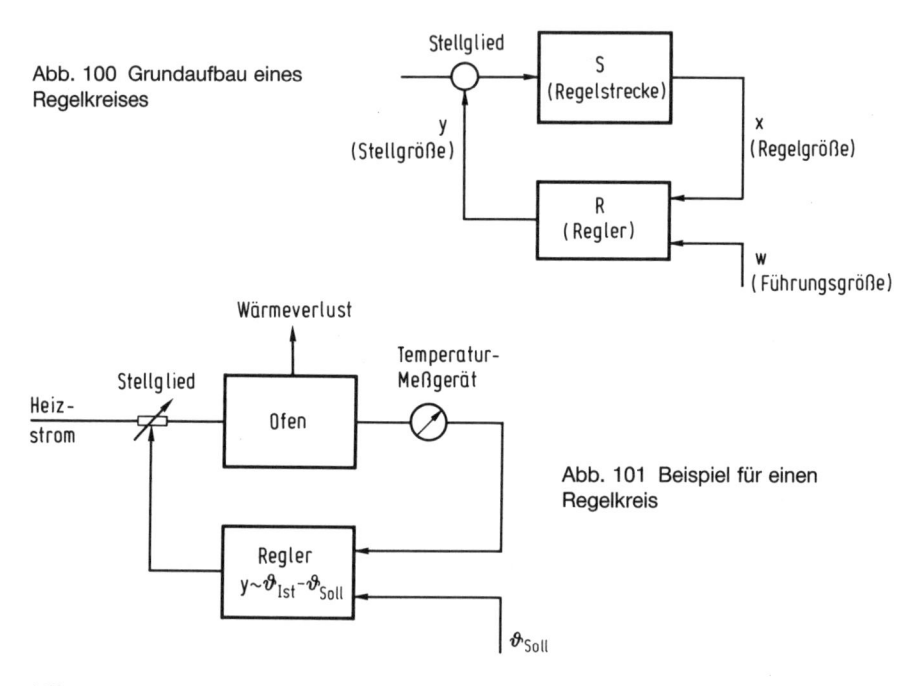

Abb. 100 Grundaufbau eines Regelkreises

Abb. 101 Beispiel für einen Regelkreis

5.1 Grundbegriffe

Regelabweichung, ermittelt der Regler die Stellgröße y, bei den oben erwähnten Beispielen die Spannung für die Ofenheizung bzw. den Motor.

Daß man überhaupt einen Regler benötigt, ist durch die Störgrößen bedingt. Das sind die Größen, die die Regelgröße beeinflussen: beim Ofen u. a. der Verlust an Wärme durch Wärmeleitung und beim Motor unterschiedliche Belastung bzw. Schwankung der Versorgungsspannung. Der Regler muß nun dafür sorgen, daß die Regelgröße gleich der Führungsgröße, die Regelabweichung also Null wird. Letzteres ist jedoch in der Realität nur näherungsweise erreichbar.

Nach der Art und Weise, wie ein Regler auf Veränderungen der Regelgröße reagiert, unterscheidet man zunächst stetig wirkende und unstetig wirkende Regeleinrichtungen. Unstetig wirkende Regeleinrichtungen sind z. B. die Bimetallregler in Bügeleisen. Diese Regeleinrichtungen sind zur Zeit am meisten verbreitet.

Die einfachste Form eines unstetigen Reglers kennt nur zwei Zustände: „ein" oder „aus". Man bezeichnet ihn daher auch als Zweipunktregler. Diese Regler weisen eine Schaltdifferenz auf, d. h. sie schalten z. B. nicht bei der gleichen Temperatur ein, bei der sie ausgeschaltet haben. Wegen der Kennlinie eines solchen Reglers (*Abb. 102*) spricht man auch von Schalthysterese. Es gibt auch Regler mit drei Schaltstellungen, die Dreipunktregler. Beispiel dafür ist eine Klimaanlage mit den Zuständen: heizen – aus – kühlen oder das Mischerventil einer Warmwasserheizung mit den Zuständen: öffnen (höhere Vorlauftemperatur) – momentanen Stand beibehalten – schließen (niedrigere Vorlauftemperatur).

Während unstetige Regler nur diskrete Zustände einnehmen können, kann die Stellgröße bei stetigen Reglern kontinuierlich jeden Wert innerhalb des Stellbereichs einnehmen. Regler dieser Art werden vorwiegend dort eingesetzt, wo nur sehr geringe Schwankungen der Regelgröße zulässig sind. Je nach der Art, wie der Regler auf die durch die Störgrößen verursachte Änderung der Regelgröße reagiert, unterscheidet man drei Grundtypen: P-, I- und D-Regler, die sich zusammenfassen lassen, wobei man als Optimum den PID-Regler erhält.

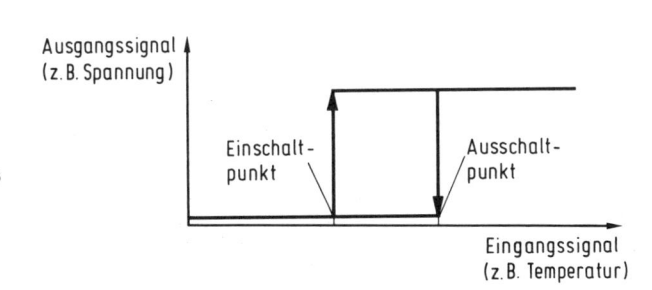

Abb. 102 Kennlinie eines Zweipunktreglers

5 Regeln mit PCs

Abb. 103 Regelteil eines Netzteils. Die am Leistungstransistor wirkende Spannung ist proportional zur Differenz zwischen Ist- und Sollspannung

U_{Out} (Regelgröße)

Sollwert der Spannung (Führungsgröße)

Abb. 104 Übergangsfunktion des P-Reglers

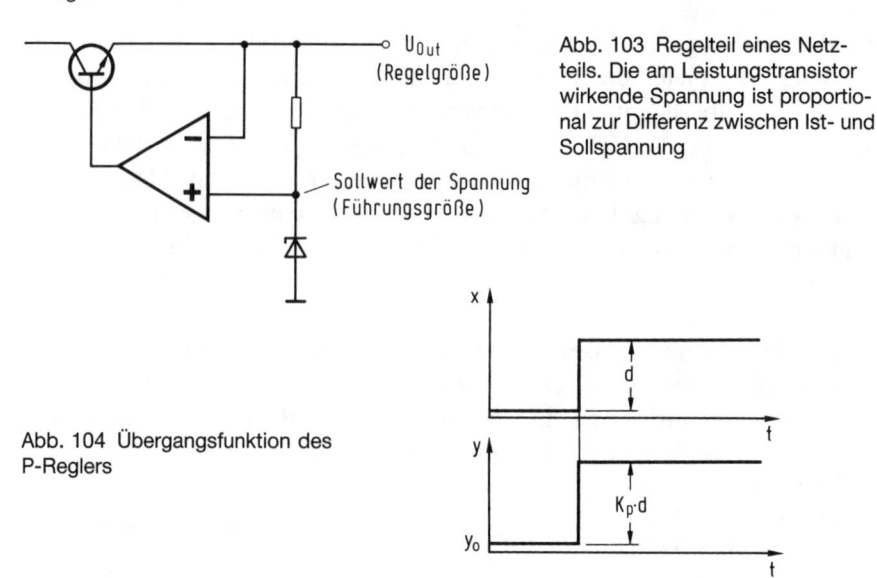

Beim P-Regler (Proportionalregler) ist die Ausgangsgröße (die Stellgröße) proportional zur Eingangsgröße (Regelgröße). Nach diesem Prinzip arbeiten die meisten geregelten Netzgeräte. (*Abb. 103* zeigt das Grundprinzip der Regeleinrichtung: Der Operationsverstärker bildet die Regelabweichung und gibt sie verstärkt auf den als Stellglied dienenden Transistor). Das Verhalten eines solchen Reglers läßt sich am besten anhand der Übergangsfunktion (*Abb. 104*) zeigen. Bei einer sprungartigen Änderung der Regelgröße tritt eine sprungartige, proportionale Änderung der Stellgröße auf. Der P-Regler ist also ein sehr schneller Regler. Auftretende Regelabweichungen werden aber nicht ganz ausgeregelt (bleibende Regelabweichung!).

Beim I-Regler (Integralregler) ist die Stellgröße proportional zum Zeit-Integral über die Regelabweichung. Daraus folgt, daß die Geschwindigkeit, mit der sich die Stellgröße ändert – die Stellgeschwindigkeit – proportional zur Regelabweichung ist. Unmathematisch ausgedrückt, kann man sagen, daß die Stellgröße sich bei einer sprungartigen Änderung der Regelgröße nur langsam ändert. Das läßt sich anhand der in *Abb. 105* dargestellten Übergangsfunktion leicht erkennen. Der I-Regler reagiert also langsamer als der P-Regler, zeigt jedoch praktisch keine bleibende Regelabweichung. Das Ausregeln von Störungen geschieht jedoch meist mit einem Einschwingvorgang, d. h. die Regelgröße pendelt um ihren Sollwert.

Beim D-Regler (Differentialregler) ist die Stellgröße proportional zur Änderungsgeschwindigkeit der Regelabweichung. Wie die Sprungfunktion (*Abb. 106*) erkennen läßt, ändert sich die Stellgröße bei einem Sprung der

5.1 Grundbegriffe

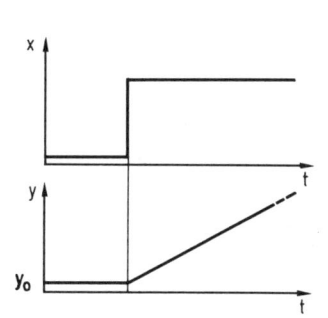

Abb. 105 Übergangsfunktion des
I-Reglers

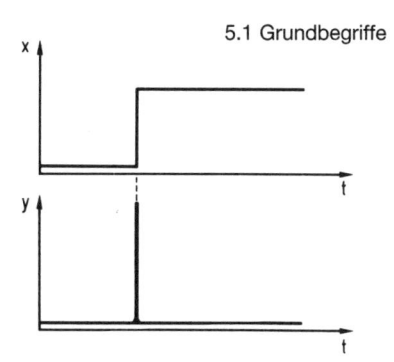

Abb. 106 Übergangsfunktion des
D-Reglers

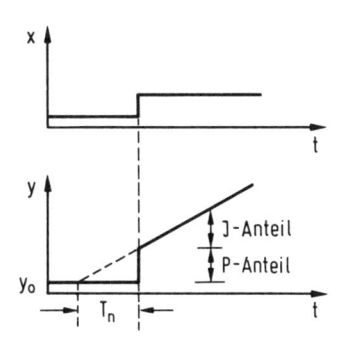

Abb. 107 Übergangsfunktion des
PI-Reglers

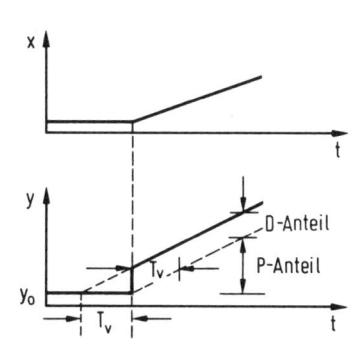

Abb. 108 Übergangsfunktion des
PD-Reglers

Regelgröße kurzzeitig sprunghaft und nimmt anschließend wieder ihren ursprünglichen Wert an. Eine konstante Regelabweichung erzeugt also kein Stellsignal und kann daher auch nicht ausgeregelt werden. Daher läßt sich der D-Regler nur in Verbindung mit anderen Reglertypen verwenden. Als Kombinationen der Regler-Grundtypen kommen in Frage: der PI-, der PD- und der PID-Regler.

Abb. 107 zeigt die Übergangsfunktion des PI-Reglers. Die Stellgröße ändert sich zunächst sprungartig, proportional zur Regelgrößenänderung (P-Anteil), und anschließend stetig mit der Zeit (I-Anteil). Die eingezeichnete Zeit T_n ist die Nachstellzeit. Um diese Zeit hätte bei einem reinen I-Regler die Regeleinrichtung früher wirken müssen, um die gleiche Änderung der Stellgröße hervorzurufen.

Abb. 108 zeigt die Übergangsfunktion des PD-Reglers. Da der Differentialanteil nur auftritt, wenn sich die Regelgröße ändert, muß hier ein stetig ansteigender Verlauf der Regelgröße vorgegeben werden. Die Stellgröße

155

5 Regeln mit PCs

ändert sich zunächst sprungartig um den Differentialanteil (= entspricht der Steigung der Regelgrößenfunktion) und dann proportional zur Regelgrößenänderung. Die eingezeichnete Zeit Tv ist die Vorhaltzeit. Um diese Zeit hätte bei einem reinen P-Regler die Regeleinrichtung früher wirken müssen, um die gleiche Änderung der Stellgröße hervorzurufen.

Abb. 109 zeigt die Übergangsfunktion des PID-Reglers. In der Vergangenheit wurden diese drei Reglertypen bzw. ihre Kombinationen fast ausschließlich mit Hilfe von analogen Schaltungen – speziell Operationsverstärkern – realisiert. In neuerer Zeit werden in der Regelungstechnik zunehmend Computer eingesetzt. Die analogen Regler werden also durch digitale Regler ersetzt (engl.: DDC = Direct Digital Control). Da diese die Regelgröße nicht mehr ununterbrochen, sondern in diskreten Zeitabständen abfragen und auch die Stellgröße nicht mehr kontinuierlich korrigieren, kann man die Integrale und Differentiale in den hier nicht aufgeführten Gleichungen zur Ermittlung der Regelgröße durch Summen und Differenzenquotienten ersetzen. Das vereinfacht die vom Computer durchzuführenden Berechnungen ganz erheblich.

Die zur Berechnung der Stellgröße verwendete Formel lautet:

$$Y_k = K_R \left(e_k + \frac{T}{T_n} \sum_{i=0}^{k} e_i + T_v \frac{e_K - e_{K-1}}{T} \right) + Y_o$$

mit $e = w - x$ (Regelabweichung) und T = Abtastperiode (Zeitraum zwischen zwei Messungen der Regelgröße).

Die drei Summanden in der Klammer bilden der Reihe nach den P-, den I- und den D-Anteil des PID-Reglers. Durch Weglassen der entsprechenden Terme kann man sich die Formel für jeden möglichen Reglertyp herleiten. Läßt man in der Klammer den dritten Summanden (Term mit Tv) weg, erhält man einen PI-Regler, läßt man zusätzlich den mittleren Term weg, entsteht die Formel für einen P-Regler, usw.! Nicht für alle Strecken ist der PID-Regler der optimale Regler-Typ. Sollte es bei der konkreten Regler-

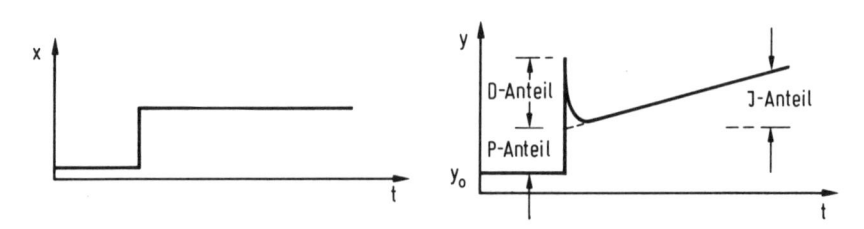

Abb. 109 Übergangsfunktion des PID-Reglers

Anwendung Probleme mit dem PID-Regler geben, versuche man es mit den andern Reglertypen.

In der Literatur werden auch andere, wenig verwendete Reglerformeln angeboten. Sie bewirken eine verzögerte Wirkung des D-Anteils. Durch Rauschen oder sonstige Störungen der Regelgröße kommt es nämlich bei der A/D-Wandlung zu sprungartigen Änderungen des niederwertigsten Bit (LSB), was zu entsprechenden Änderungen des D-Anteils des Reglers führt, vor allem, wenn die Abtastperiode sehr kurz ist. Hier hilft im einfachsten Fall eine Mittelwertbildung der beim D-Anteil verwendeten Regelabweichung e über die vier letzten Messungen hin.

Bei längerdauernden Regelabweichungen (z. B. beim Hochfahren der Anlage) kann der I-Anteil und damit die Stellgröße y sehr stark anwachsen, was zu starkem Überschwingen führt. Daher sollte man den I-Anteil auf den zulässigen Bereich der Stellgröße begrenzen – beispielsweise auf 0 bis 255 bei Verwendung von D/A-Wandlern – oder den I-Anteil beim Hochfahren softwaremäßig *abschalten*. Grundsätzlich muß auch die nach der obigen Formel berechnete Stellgröße y auf den bei der jeweiligen Anwendung zulässigen Bereich begrenzt werden.

Während man beim P- und I-Regler noch mit Probieren optimales Verhalten ermitteln kann, ist das beim PID-Regler kaum noch möglich. Die genaue Berechnung der optimalen Parameter KR, Tn und Tv ist nur mit höherem mathematischen Aufwand möglich; daher soll hier die näherungsweise Ermittlung der Parameter mit dem Verfahren nach Ziegler-Nichols erfolgen:

Der Regler wird zusammen mit der Regelstrecke aufgebaut und zunächst zur Ermittlung der Parameter als P-Regler betrieben, d. h. der zweite und dritte Term in der Klammer bei der oben angegebenen Reglerformel fällt weg. Dann wird KR so lange vergrößert, bis der Regler gerade periodisch zu schwingen anfängt. Die Periodendauer der Schwingung wird gemessen (z. B. bei der Helligkeitsregelung, indem man die Zeit zwischen zwei Helligkeitsmaxima stoppt). Das dabei gerade in der Reglerformel verwendete KR bezeichnet man als KRkrit. Mit ihm lassen sich – zusammen mit der ermittelten Periodendauer Ts – die für die Reglerformel benötigten Parameter aus der folgenden Tabelle ermitteln:

Parameter	Reglertyp		
	P	PI	PID
KR	0,5 KRkrit	0,45 KRkrit	0,6 KRkrit
T_n		0,8 Ts	0,5 Ts
T_V			0,12 Ts

5 Regeln mit PCs

Für dieses Verfahren schreibe man sich ein Testprogramm, in dem man das Regelprogramm so erweitert, daß vorab KR eingelesen wird.

Der Programmablauf für den PID-Regler sieht folgendermaßen aus:

PROGRAMM „Regler"
    S:= 0
    ea:= 0
    WIEDERHOLE BIS ABBRUCH
        Lies x von PC-Port .. ein
        e:= w − x
        S:= S + e   ;I-Anteil
        I:= S * T/Tn   ;I-Anteil
        WENN I > max. Stellgröße   ;Begrenzung des
                                        ;I-Anteils
        DANN S:= max. Stellgröße * Tn/T
        ENDE WENN
        D:= (e − ea) * Tv/T   ;D-Anteil
        ea:= e
        y:= Kr * (e + I + D) + yo
        WENN y > max. Stellgröße   ;Begrenzung der
                                        ;Stellgröße
        DANN y:= max. Stellgröße   ;s. Text!
        ENDE WENN
        Gib y auf PC-Port .. aus
        Warte T ms
    ENDE WIEDERHOLE

Die Konstanten w, T, Kr, Tn, Tv, yo müssen vorab vorgegeben werden! ea ist die Regelabweichung der jeweils vorhergehenden Meßperiode. Die enthaltenen Parameter müssen vorab nach dem obigen Verfahren ermittelt werden und können dann noch durch Versuch optimiert werden. Die Abtastperiode T wird durch die Dauer der Warteschleife bestimmt. Näheres dazu wird weiter unten dargestellt.

Hinsichtlich des Optimums gibt es zwei verschiedene Möglichkeiten: optimales Störverhalten oder optimales Führungsverhalten. Optimales Störverhalten bedeutet, daß die Regelgröße nach Auftreten einer Störung keine zu große Überschwingweite zeigt und die Ausregelzeit (*Abb. 110*) minimal ist (der Regelvorgang gilt im allgemeinen als beendet, wenn die maximale Regelgrößenänderung innerhalb der Meßgenauigkeit liegt). Hinsichtlich des Führungsverhaltens gilt das gleiche, jedoch bezogen auf eine von außen vorgegebene Änderung der Führungsgröße – also des Sollwerts der Regelgröße (*Abb. 111*).

5.1 Grundbegriffe

Abb. 111 Führungsverhalten eines Reglers

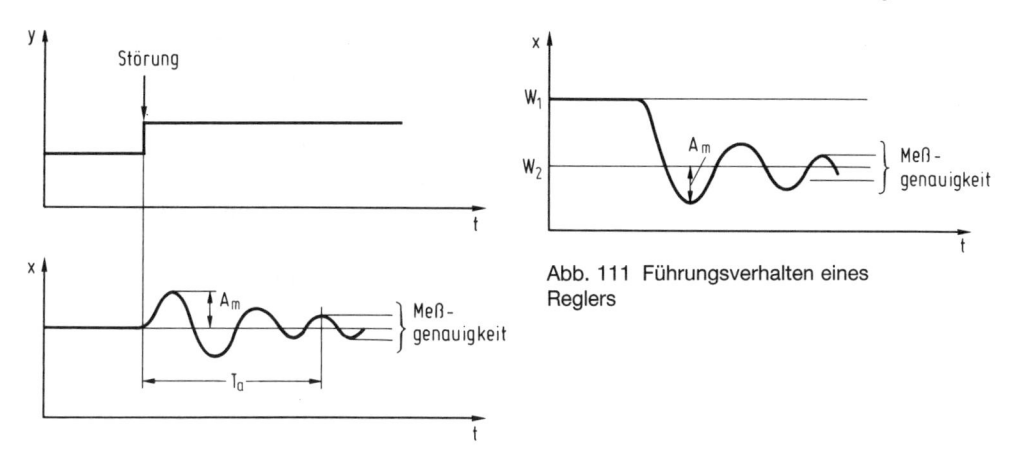

Abb. 110 Störverhalten eines Reglers. Ta = Ausregelzeit. Am = max. Überschwingweite

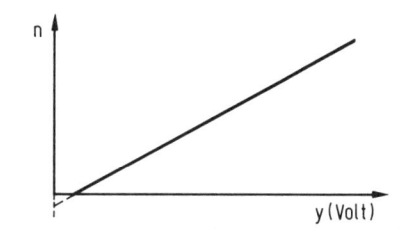

Abb. 112 Kennlinie eines Gleichstrommotors

Bisher wurde noch nichts zum Parameter yo gesagt. Er stellt die erforderliche Stellgröße dar – ohne Einwirken einer Störung auf den Regelkreis. Handelt es sich zum Beispiel um die Drehzahlregelung eines Gleichstrommotors, so kann die Motorspannung als Stellgröße verwendet werden. Möchte man nun eine bestimmte Drehzahl erreichen, muß eine entsprechende Spannung angelegt werden. Diese Spannung ist das yo! Tritt nun eine Störung beim Regelkreis auf, wird durch den Regler ein neues y, also eine veränderte Motorspannung erzeugt.

Bei einer PI- oder PID-Regelung kann man yo auf Null setzen, da der Integralanteil in der Reglerformel die Stellgröße y so lange erhöht, bis die gewünschte Regelgröße erreicht ist. Bei anderen Regelungen sollte man das yo möglichst genau vorgeben. Man findet es, indem man die Strecke ohne Regelung betreibt und die Regelgröße in Abhängigkeit von der Stellgröße ermittelt und in ein Diagramm einzeichnet. *Abb. 112* zeigt ein solches Diagramm für einen Gleichstrommotor. In diesem Fall kann man den Zusammenhang einfach durch eine Gleichung ausdrücken:

159

5 Regeln mit PCs

n = m∗y + b (m ist die Steigung der Geraden und b der Wert, bei dem die Gerade die n-Achse schneiden würde). Nach Umstellen ergibt sich daraus:
y = (n − b)/m
Diese Gleichung kann vom Computer für die Berechnung von yo herangezogen werden, indem für n die gewünschte Drehzahl eingesetzt wird. Ergibt das Diagramm eine Kurve, so lassen sich einzelne Werte-Kombinationen im Reglerprogramm in Form eines Feldes (array) speichern. Es wird dann der der gewünschten Regelgröße am nächsten liegende Wert für yo in die Formel für die Berechnung der Stellgröße eingesetzt.

Oben wurde darauf hingewiesen, daß bei der Regelung durch einen Computer die Regelgröße nicht mehr kontinuierlich, sondern im Zeitabstand T (Abtastperiode) gemessen wird. Die minimal zu realisierende Zeit T hängt von der Schnelligkeit des Prozessors ab. Die maximale zulässige Abtastperiode hängt vom zeitlichen Verlauf der Sprungantwort des geschlossenen Regelkreises ab. Eine solche Sprungantwort tritt auf, wenn sich die Regelgröße sprungartig ändert (z. B. wenn ein Motor abgebremst wird) oder man eine neue Führungsgröße (Sollwert) vorgibt. Die Zeit T sollte maximal 10 % der Zeitkonstante der Sprungantwort, das ist die Zeit, in der sich die Regelgröße auf rund 60 % ihres neuen Endwerts einstellt, betragen. Bei den üblichen Regelstrecken mit Sprungantworten im Bereich von 100 ms bis mehrere zehn Sekunden, liegt der Maximalwert der Abtastperiode T im Bereich von 10 ms bis zu einigen Sekunden.

Bisher wurde nur das Verhalten der verschiedenen Reglertypen behandelt. Es soll aber noch kurz auf das Verhalten der verschiedenen Regelstrecken eingegangen werden. Man unterscheidet:

Strecken mit Ausgleich
Bei ihnen ändert sich die Regelgröße um einen endlichen Betrag, wenn sich die Stellgröße ändert. Beispiel: Wird die Heizleistung eines Ofens erhöht, steigt die Temperatur auf einen neuen Wert.

Strecken ohne Ausgleich
Bei ihnen wächst die Regelgröße unbegrenzt, wenn sich die Stellgröße ändert. Beispiel: Ein Wasserbehälter, bei dem die Zuflußmenge größer wird als die Abflußmenge.

Strecken mit Totzeit
Das sind Strecken, bei denen eine Änderung der Stellgröße sich erst nach einer bestimmten Zeit (Totzeit) bei der Regelgröße bemerkbar macht. Beispiel: Bei Betätigen der Mischbatterie einer Dusche tritt die veränderte Wassertemperatur erst nach kurzer Wartezeit auf (*Abb. 113a*).

5.2 Temperaturregelung

Strecken ohne Verzögerung
Das sind Strecken, bei denen sich nach einer Änderung der Stellgröße der neue Endwert der Regelgröße sofort einstellt (*Abb. 113b*). Beispiel: Kollektorstrom eines Transistors, dessen Basisspannung geändert wird.

Strecken mit Verzögerung erster Ordnung
Das sind Strecken, bei denen sich nach einer Änderung der Stellgröße der neue Endwert der Regelgröße verzögert einstellt (*Abb. 113c*). Beispiel: ein Motor, dessen Versorgungsspannung erhöht wird.

Strecken mit Verzögerung zweiter Ordnung
Strecken dieser Art zeichnen sich durch eine S-förmige Sprungantwort aus (*Abb. 113d*). Beispiel: zwei hintereinandergeschaltete RC-Glieder.

Abb. 113 Verschiedene Regelstrecken:
a) mit Totzeit,
b) ohne Verzögerung,
c) mit Verzögerung 1. Ordnung,
d) mit Verzögerung 2. Ordnung

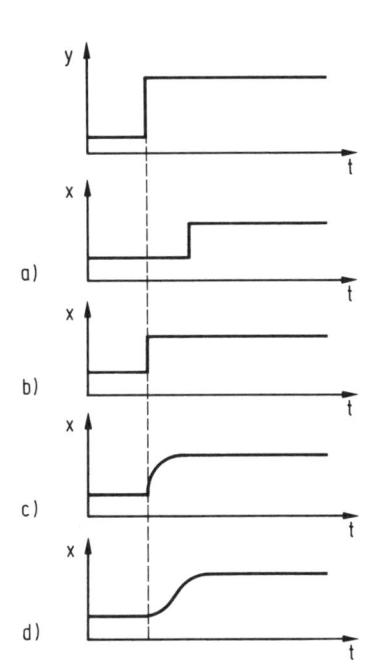

5.2 Temperaturregelung

Eigenschaften

- Zwei-Punkt-Regelung (Unstetige Regelung)
- Minimum- und Maximumtemperatur frei wählbar
- Temperaturbereich zwischen 0 und 100 °C wählbar

Hardware

Abb. 114 zeigt das Blockschaltbild der Regelschaltung. Der Teil, der die Erfassung der Ist-Größe bewirkt, entspricht der in Kapitel 3.2.5 besproche-

5 Regeln mit PCs

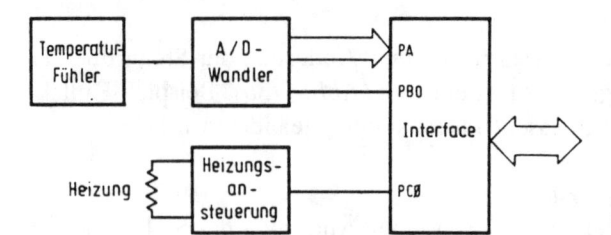

Abb. 114 Blockschaltbild der Temperatur-Regelung

nen Temperaturmeßschaltung (vergleiche Abb. 63 und 65). *Abb. 115* zeigt die Schaltung der Heizungsansteuerung. Die gewählte Versorgungsspannung des Darlington-Transistors ist unkritisch. Sie hängt im wesentlichen von der Schaltspannung des verwendeten Relais ab.

Nach Aufbau der Schaltung führe man den Abgleich, wie in Kapitel 3.2.5 beschrieben, durch. Zur Simulation der Heizungsanlage eignen sich sehr gut 12-V-Autobirnen (8–15 W), die man in die Nähe des Temperaturfühlers bringt.

Abb. 115 Heizungsansteuerung.
R = Relais zum Einschalten der Heizung.
T = BD 333 oder äquivalenter Darlington-Transistor

Software

Im ersten Teil des folgenden Programms erfolgt die Eingabe der Minimal- bzw. Maximaltemperatur des Regelbereichs – das sogenannte Temperaturfenster. Nach dem Start der Temperaturmessung und dem Einlesen des gemessenen Temperaturwerts erfolgt der Vergleich der Ist-Temperatur mit den vorgegebenen Soll-Temperaturen. In Abhängigkeit vom Ergebnis dieser Überprüfung wird die Heizung ein- oder ausgeschaltet.

```
PROGRAMM „Temperaturregelung"
  Lösche Bildschirm
  Schreibe „Temperaturregelung" in Zeile 5 des BS
  Schreibe „Eingabe der Minimal-Solltemperatur" in Zeile 10 des BS
  Lies Min_Temp von Tastatur
  Schreibe „Eingabe der Maximal-Solltemperatur" auf BS
  Lies Max_Temp von Tastatur
  Lösche Bildschirm
```

    Gib 144 an Steuerlogik aus   ;Programmierung des 8255
    WIEDERHOLE BIS Abbruch
      Gib 0 auf Kanal B aus   ;Umwandlungsbefehl für
      Gib 1 auf Kanal B aus   ;den A/D-Wandler
      Warte 1 Sekunde
      Lies Temperatur von Kanal A ein   ;Meßwert einlesen
      Schreibe „Die Temperatur beträgt": in Zeile 10 auf BS
      Gib Temperatur auf BS aus
      Schreibe „Grad" auf BS
      WENN Temperatur < Min_Temp
      DANN Gib 1 auf Kanal C aus
      Schreibe „Heizung an" in Zeile 12 des BS
      WENN Temperatur > Max_Temp
      DANN Gib 0 auf Kanal C aus
      Schreibe „Heizung aus" in Zeile 12 des BS
    ENDE WIEDERHOLE

Da der Temperaturmeßbereich des Fühlers von 0 bis 100 °C geht, die Maximalspannung also 1 V beträgt, kann beim A/D-Wandler kein Überlauf auftreten. Daher wird der Überlauf hier nicht abgefragt. Die Warteschleife wurde vorgesehen, um den Regelvorgang etwas zu verlangsamen; gleichzeitig ist damit sichergestellt, daß der Wandler den Umsetzvorgang beendet hat.

Die Programmierung der Endlosschleife (*WIEDERHOLE BIS AB-BRUCH*) ersehe man aus Kapitel 1.7!

5.3 Drehzahlregelung

Die Aufgabe dieser Regelung besteht darin, die Drehzahl eines Motors, unabhängig von der Belastung, konstant zu halten. Es handelt sich also um eine stetig wirkende Regelung.

Eigenschaften

● Drehzahlregelung im Bereich zwischen 500 U/m und 6000 U/m
● Über Tastatur vorgebbare Solldrehzahl

Hardware

Auf der Achse des Motors, dessen Drehzahl geregelt werden soll, befindet sich eine kreisförmige Scheibe, an deren Rand entlang Schlitze bzw. Einker-

5 Regeln mit PCs

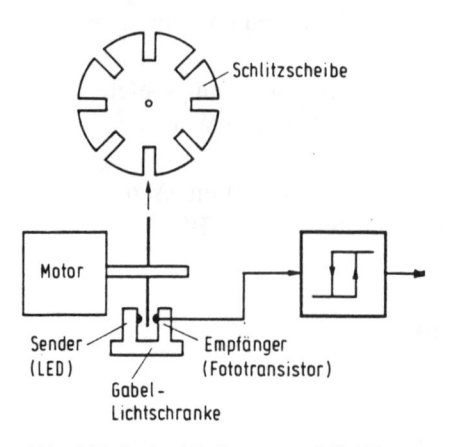

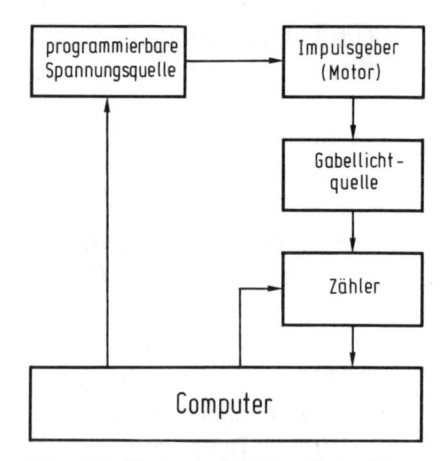

Abb. 116 Drehzahlerfassung mit Schlitzscheibe

Abb. 117 Blockschaltbild der Drehzahlregelungs-Schaltung

bungen angebracht wurden. Der Rand dieser Scheibe dreht sich in einer Gabellichtschranke (*Abb. 116*). Die beim Drehen des Motors von dieser Lichtschranke gelieferten Impulse werden eine bestimmte Meßzeit – auch Torzeit genannt – von einem Zähler hochgezählt. Diese Torzeit und den Rücksetzimpuls für den Zähler liefert der Computer. Vor dem Rücksetzen wird jedoch der Zählerstand eingelesen und dann erfolgt die Ausgabe des Meßwerts und, wenn erforderlich, die Korrektur der Motorspannung.

Abb. 117 zeigt das Blockschaltbild und *Abb. 118* das Gesamtschaltbild. Der rechte Teil der Schaltung ist bereits aus dem Kapitel „Drehzahlmessung" (Kapitel 2.2.8) bekannt. Die Beschreibung ihrer Komponenten und ihrer Funktion ersehe man aus dem angegebenen Kapitel.

Der Steuerteil für den Motor besteht aus dem als Digital-Analog-Wandler geschalteten Integrierten Baustein ZN425E. Er wandelt den vom Computer in digitaler Form vorgegebenen Sollwert in eine proportionale Spannung, die vom ersten Operationsverstärker 741 verstärkt wird. Dies ist erforderlich, weil die Maximal-Ausgangsspannung des Wandlers 2,5 V beträgt und diese Spannung zur Erreichung der Höchstdrehzahl je nach verwendetem Motor eventuell nicht ausreicht. Der zweite Verstärker (741) hat den Verstärkungsfaktor 1. Er dient zur niederohmigen Ansteuerung des Leistungs-Darlington-Transistors BD 333. Eine solche Anpassung ist dringend zu empfehlen, da die Kollektorfunken des Motors erhebliche Störungen verursachen, die auf den D/A-Wandler zurückgelangen und Fehlverhalten zur Folge haben können. Ein Teil dieser Störungen wird bereits von dem dem Motor parallelge-

5.3 Drehzahlregelung

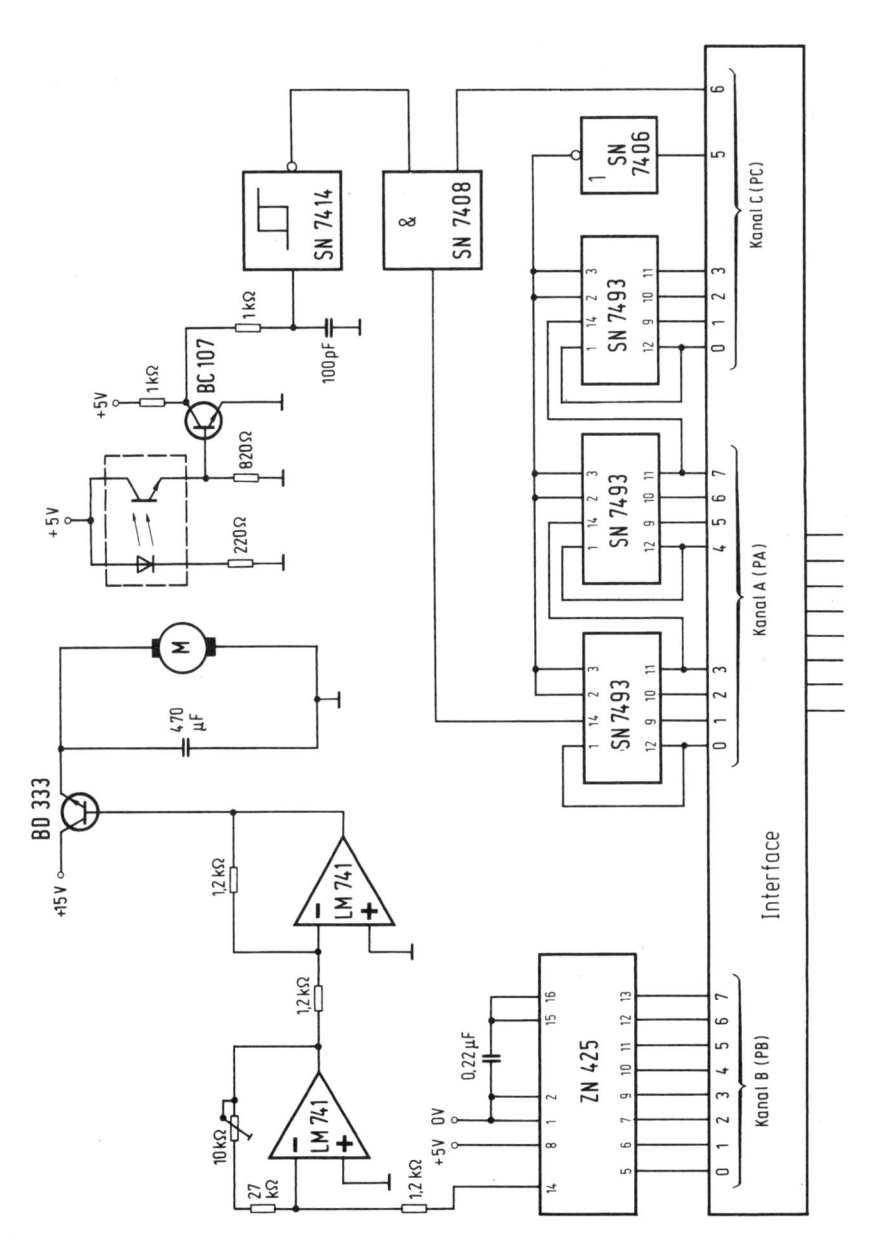

Abb. 118 Gesamtschaltbild der Regelungsschaltung

5 Regeln mit PCs

schalteten Kondensator neutralisiert, jedoch kann dieser leider nicht die Gleichtaktstörungen (siehe Kapitel 8) beseitigen.

Einfache Gleichstrommotoren benötigen ein Mindestdrehmoment zum Anlaufen, so daß man bei der Regelung die Spannung kaum unter 1,5 V einstellen kann. Daraus ergibt sich auch eine Mindestdrehzahl von ca. 500 U/m! Bei der vorgesehenen Höchstdrehzahl von ca. 6000 U/m ergibt sich bei 256 Spannungsstufen des Wandlers eine minimale Drehzahländerung von 40 U/m.

Software

Aufgabe des Programms ist es, die gewünschte Solldrehzahl einzulesen, die Torzeit für die Messungen zu erzeugen, die Istdrehzahl aus dem eingelesenen Zählerstand zu bilden und die Abweichung zwischen Ist- und Solldrehzahl zu ermitteln. Entsprechend dieser Differenz muß dann die ausgegebene Motorspannung korrigiert werden. Anschließend müssen die Zählerbausteine gelöscht werden, damit eine neue Messung beginnen kann.

```
PROGRAMM „Drehzahlregelung"
  Lösche Bildschirm
  Schreib „Drehzahlregelung" auf den BS
  Gib 145 nach Steuerlogik aus
  Schreib „Drehzahl eingeben" auf den BS
  Lies w von Tastatur ein                   ; w = Sollwert der
                                            ; Drehzahl
    S := 0
    Kr :=
    Tn :=
    Tv :=
    ea := 0
    yo := w/konst.                          ; siehe Text!
  WIEDERHOLE BIS ABBRUCH
  1)  Gib „0" auf Kanal C Pin 5 aus         ; Zähler löschen
  2)  Gib „1" auf Kanal C Pin 5 aus
  3)  Gib „1" auf Kanal C Pin 6 aus         ; Meßzeit beginnen
      Warte 500 ms                          ; Warteschleife
                                            ; für Meßzeit
  4)  Gib „0" auf Port C Pin 6 aus          ; Meßzeit beenden
      Lies Zähler_Low von Port A ein
      Lies Zähler_High von Port C ein
```

5.3 Drehzahlregelung

```
        Zähler_High := Zähler_High UND 0Fh          ; Bit 4 bis 7
                                                    ; wegmaskieren
        Zähler := Zähler_High * 256 + Zähler_Low
    5)  Drehzahl := Zähler/16 * 120                 ; 16 Schlitze!
    6)  Drehzahl := Drehzahl * Faktor               ; zunächst
                                                    ; Faktor = 1!
        WENN Drehzahl < 5
        DANN Drehzahl := 0
        SONST Schreibe „Drehzahl pro Minute":
           Gib Drehzahl auf BS aus
        ENDE WENN
        e := w - n
        S := S + e
        I := S * 0.5/Tn                             ; I-Anteil
        WENN I > 255                                ; Begrenzung
        DANN S := 255 * Tn/0.5                      ; des I-Anteils
        ENDE WENN
        D := (e - ea) * Tv/0.5                      ; D-Anteil
        ea := e
        y := Kr * (e + S + D) + yo
        WENN y > 255                                ; Begrenzung
        DANN y := 255                               ; der Stellgröße
        ENDE WENN
        Gib Integer(y) auf Port B aus
        Schreib „Ist-Drehzahl" auf den BS
        Gib n auf BS aus
     ENDE WIEDERHOLE
```

Zum Ablauf des Programms: Zunächst wird die Schnittstelle programmiert und die gewünschte Drehzahl von der Tastatur eingelesen. Aus dieser wird die erforderliche Spannung (Stellgröße yo) errechnet. Die Konstante Konst. muß aus der Kennlinie des Motors bestimmt werden. Da es sich hier um eine PID-Regelung handelt, kann yo auch 0 gesetzt werden; die Anlaufphase des Motors dauert dann etwas länger, weil der I-Anteil erst auf den erforderlichen Wert für yo hochlaufen muß.

Dann wird der Zähler gelöscht und die Messung gestartet. Nach Ablauf der Torzeit (500 ms) wird der Meßwert in zwei Etappen eingelesen. Da bei Kanal C nur die unteren vier Bit benötigt werden, müssen sie durch eine Maskierung (Und-Verknüpfung mit 1 1 1 1 = 15 (dez.) von den restlichen Bit getrennt werden. Näheres zum Begriff „Maskierung" ersehe man aus Kapitel 1.6.1! Man erhält die gemessene Impulszahl, indem man die von

Kanal C eingelesene Tetrade (= Bit 8 bis 11 des Meßwerts!), ihrem Wert entsprechend, mit 256 multipliziert und zu der von Kanal A eingelesenen 8-Bit-Zahl addiert.

Steht der Motor still und zufällig ein Schlitz der Schlitzscheibe genau im Spalt der Gabellichtschranke, so erfolgt eine Fehlmessung. Dieser systembedingte Meßfehler wird softwaremäßig korrigiert. Ist die ermittelte Drehzahl kleiner als 5, wird 0 ausgegeben.

Bei diesem Programm läßt sich eine besondere Eigenschaft des Schnittstellen-Bausteins 8255 verwenden. Durch Ausgabe eines Steuerworts an die Steuerlogik läßt sich für Anwendungen der Steuer- und Regeltechnik jedes der acht Bits von Kanal C selektiv setzen oder zurücksetzen. Will man z. B. Bit 5 von Kanal C setzen, muß man 0 0 0 0 1 0 1 1 = 11 (dez.) an die Steuerlogik ausgeben. Näheres dazu entnehme man Kapitel 2.5!

Damit lauten die drei Zeilen 1) bis 4):

Gib 10 an die Steuerlogik aus
Gib 11 an die Steuerlogik aus
Gib 13 an die Steuerlogik aus
Gib 12 an die Steuerlogik aus

Findet eine Schlitzscheibe mit einer anderen Schlitzanzahl Verwendung, muß die 16 in Zeile 5) durch die aktuelle Schlitzzahl ersetzt werden. Der Faktor 120 ergibt sich aus 60, da die Drehzahl pro Minute berechnet werden soll, und dem Faktor 2, da die Meßzeit nur 0,5 s beträgt. Wird eine andere Meßzeit gewählt (Änderung der Warteschleife), muß diese Zahl entsprechend angepaßt werden.

Wenn sich die Dauer der Warteschleife (= Meßzeit) – eventuell durch Probieren – genau einstellen läßt, kann Zeile 6) im Programm entfallen. Einfacher ist es, wie in Zeile 6) vorgesehen, die fehlerhaft gemessene Drehzahl zu korrigieren. Dazu messe man mit einem korrekt arbeitenden Drehzahl-Meßgerät die Drehzahl des Motors und dividiere sie durch den vom Computer ermittelten Wert. Das ergibt den in Zeile 2) einzusetzenden Faktor. Statt einem Meßgerät kann man auch einen Frequenzgenerator an den Eingang des Schmitt-Triggers anschließen und so die von der Lichtschranke kommenden Impulse simulieren.

Schaltungs-Abgleich

Zunächst ersetze man die PID-Reglerformel durch die einfache P-Reglerformel y := Kr * e + yo und die Konstanten Kr durch 1 und Tn, Tv durch 0. Dann bestimme man durch Verändern von Kr nach dem in Kapitel 5.1

beschriebenen Verfahren die Konstanten Kr, Tn und Tv und setze die alte Reglerformel wieder ein.

Wenn die Regelung funktioniert, muß noch das 10-kΩ-Trimmpotentiometer, das die Verstärkung des ersten Operationsverstärkers bestimmt, so eingestellt werden, daß die vorgesehene Höchstdrehzahl von 6000 U/m erreicht wird. Dazu gibt man diese Drehzahl nach Starten des Programms als Sollwert vor und prüft, ob die vorgesehene Drehzahl erreicht wird.

5.4 Helligkeitsregelung

Eigenschaften

- Stetige Regelung der Helligkeit einer Lichtquelle
- Per Tastatur vorgebbare Soll-Helligkeit

Hardware

Abb. 119 zeigt das Blockschaltbild der Helligkeitsregelung. Die Helligkeitsmessung erfolgt mit einem Fotowiderstand (oder Fotodiode bzw. Fotoelement) in Verbindung mit einem Verstärker (siehe *Abb. 120*). Die Ausgangsspannung dieser Schaltung wird mit einem A/D-Wandler digitalisiert (Schaltung nach Abb. 47 und 56 in Kapitel 3.2.1; man beachte jedoch die geänderten Anschlüsse für Status und Umsetzbefehl!). Die Ist-Helligkeit (Regelgröße) wird vom Computer, der als Regler dient, eingelesen und

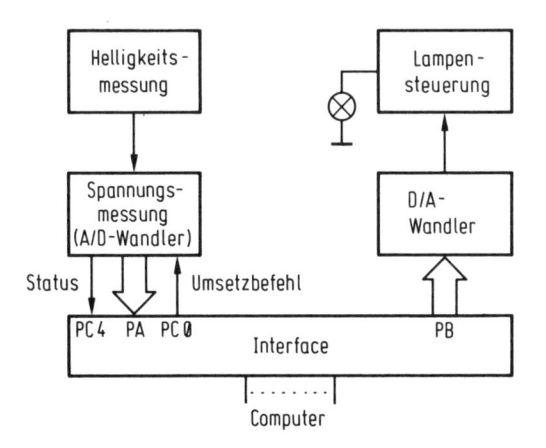

Abb. 119 Blockschaltbild der Helligkeitsregelung

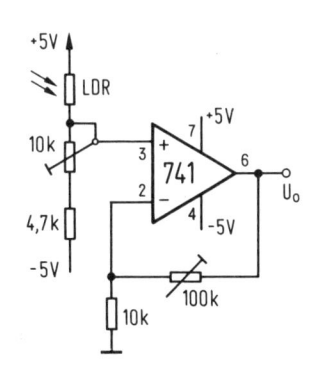

Abb. 120 Helligkeitsmeßschaltung

5 Regeln mit PCs

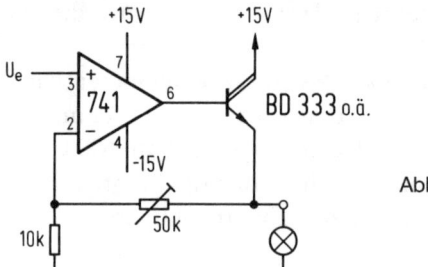

Abb. 121 Lampensteuerung

verarbeitet. Die ausgegebene Stellgröße wird über einen D/A-Wandler nach Abb. 83, Kapitel 4.1, an die in *Abb. 152* dargestellte Lampensteuerung weitergegeben, die den Lampenstrom und damit die Helligkeit der Lichtquelle steuert. Als Lichtquelle dient eine 12-V-Glühbirne. Bei Verwendung einer Glühbirne mit einer anderen Betriebsspannung sollte die Kollektorspannung des Leistungstransistors entsprechend angepaßt werden.

Software

Aufgabe des Programms ist es, die gewünschte Soll-Helligkeit einzulesen, die Ist-Helligkeit zu ermitteln und die Abweichung zwischen Ist- und Soll-Helligkeit zu ermitteln. Entsprechend dieser Differenz muß dann die ausgegebene Lampenspannung korrigiert werden. Seite 171 zeigt den Programmablauf der Helligkeitsregelung.

Zum Ablauf des Programms: Zunächst wird die Schnittstelle programmiert, und die gewünschte Helligkeit von Tastatur eingelesen. Aus dieser wird die erforderliche Spannung (Stellgröße yo) errechnet. Dann wird der Wandler gestartet und nach einer Wartezeit von 10 ms die Helligkeit eingelesen. Diese Wartezeit bestimmt die Abtastperiode des Reglers. Sie wurde an dieser Stelle vorgesehen, weil hier sowieso eine Wartezeit für den Wandler benötigt wird. Bei diesem Programm läßt sich eine besondere Eigenschaft des Schnittstellen-Bausteins 8255 anwenden. Durch Ausgabe eines Steuerworts an die Steuerlogik läßt sich jedes der acht Bit von Kanal C selektiv setzen oder zurücksetzen. Näheres dazu entnehme man Kapitel 2.5! Damit lauten die zwei Zeilen 1) und 2):

Gib 0 an die Steuerlogik aus
Gib 1 an die Steuerlogik aus

5.4 Helligkeitsregelung

PROGRAMM „Helligkeitsregelung"
Lösche Bildschirm
Schreib „Helligkeitsregelung" auf den BS
Gib 98h nach Steuerlogik aus   ; Programmierung
                                                ; des 8255
Schreib „Gewünschte Helligkeit eingeben" auf den BS
Lies w von Tastatur ein   ; w = Sollwert der
                                                ; Helligkeit
S := 0
Kr :=
Tn :=
Tv :=
ea := 0
yo := 0   ; siehe Text!
WIEDERHOLE BIS Abbruch
1) Gib „0" auf PC0 aus   ; Umsetzbefehl
2) Gib „1" auf PC0 aus   ; auf PC0 des 8255
   Warte 10 ms
   Lies Status von Kanal C ein
   Status := Status UND 10h   ; Bit 4 maskieren
   WENN Status = 0
   DANN Schreib in Zeile 10 des BS: „Helligkeit zu groß"
   SONST Lies Hell_Dig von Kanal A ein   ; Meßwert einlesen
     Helligkeit := Hell_Dig * Faktor   ; siehe Text!
     Schreib in Zeile 10 des BS: „Die Helligkeit beträgt:"
     Gib Helligkeit auf BS aus
     Schreib „Lux"
     e := w − Hell_Dig
     S := S + e
     I := S * 0.01/Tn   ; I-Anteil
     WENN I > 255   ; Begrenzung
     DANN S := 255 * Tn/0.01   ; des I-Anteils
     ENDE WENN
     D := (e − ea) * Tv/0.01   ; D-Anteil
     ea := e
     y := Kr * (e + S + D) + yo
     WENN y > 255   ; Begrenzung
     DANN y := 255   ; der Stellgröße
     ENDE WENN
     Gib Integer(y) auf Port B aus
   ENDE WENN
ENDE WIEDERHOLE

5 Regeln mit PCs

yo wurde mit 0 angenommen. Da es sich hier um eine Regelung mit I-Anteil handelt, kann das gemacht werden, die Anlaufphase dauert dann etwas länger, weil der I-Anteil erst auf den Wert yo hochlaufen muß. Der Wert für yo kann aber auch aus der Kennlinie der Lampe nach dem oben dargestellten Verfahren errechnet werden. Die entsprechende Formel ist dann statt der Wertzuweisung y := 0 in das Programm einzusetzen.

Schaltungsabgleich

Zunächst schließt man an den Ausgang der Helligkeitsmeßschaltung ein Spannungsmeßgerät an. Dann regelt man das 10-kΩ-Trimmpoti so ein, daß bei abgedunkeltem Fotowiderstand am Ausgang 0 Volt liegen. Ist das nicht möglich, muß der 4,7-kΩ-Widerstand verändert werden. Als nächstes stellt man bei maximaler Helligkeit das 100-kΩ-Trimmpoti so ein, daß am Ausgang der Schaltung 2,55 Volt auftreten. Dann legt man an den Eingang der Lampensteuerung eine Spannung von 2,55 V und stellt das Trimmpoti – mit minimalem Widerstand beginnend – so ein, daß am Ausgang gerade die maximale Lampenspannung auftritt.

Nun kann die Gesamtschaltung in Betrieb genommen werden. Im Programm wird zunächst Kr = 1 und Tn, Tv auf 0 gesetzt. Der Regler wird als P-Regler betrieben, die Reglerformel lautet also:

y := Kr $*$ e

Das weitere Vorgehen zur Bestimmung von Kr, Tn und Tv ist in Kapitel 5.1 beschrieben. Der Faktor zur Umwandlung des Digitalwerts der Helligkeit in die reale Helligkeit muß durch Vergleichsmessung mit einem Helligkeitsmeßgerät ermittelt werden. Für den ersten Test setze man ihn auf 1. Die regelbare Helligkeit liegt dann zwischen 0 und 255!

6 Automatisiertes Messen mit PC

6.1 U/I-Kennlinie

Eigenschaften

- Kennlinienaufnahme für den Spannungsbereich 0–11 V
- Erweiterbar auf Vierpole

Hardware

Abb. 122 zeigt das Blockschaltbild der Meßeinrichtung. Sie besteht im Prinzip aus einem programmierbaren Netzgerät und einem Spannungsmesser, der den Diodenstrom messen soll. Diese Strommessung erfolgt mit Hilfe des Spannungsabfalls am Widerstand R. Der Wert dieses Widerstands ist unkritisch, da der an ihm auftretende Spannungsabfall bei der Ermittlung der Kennlinienwerte berücksichtigt wird, jedoch darf er nicht zu groß gewählt werden, da er den Spannungsbereich an der Diode einengt. Als programmierbare Spannungsquelle findet die Schaltung nach Abb. 83 und 91 (Kapitel 4.4) Anwendung und für das Spannungsmeßgerät die Schaltung

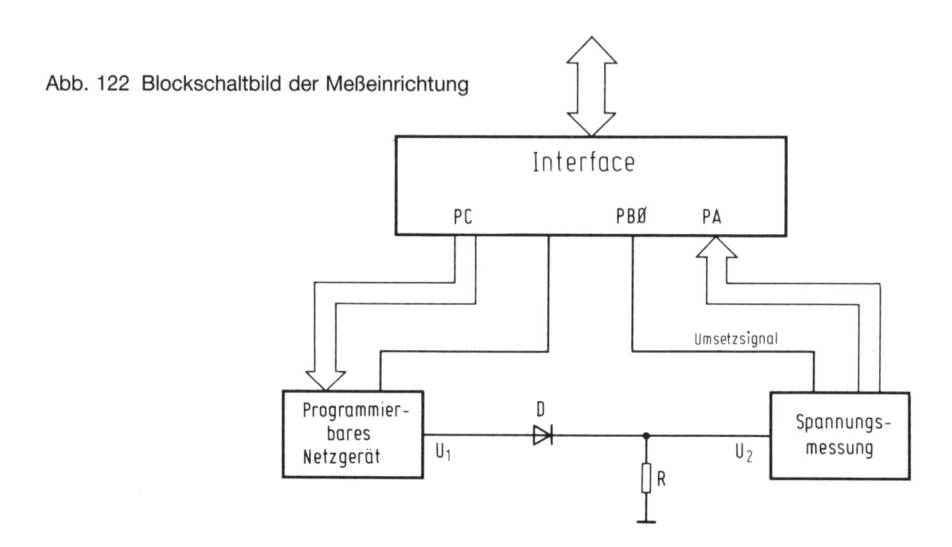

Abb. 122 Blockschaltbild der Meßeinrichtung

6 Automatisiertes Messen mit PC

nach Abb. 47 und 56 (Kapitel 3.2.1), jedoch ist die geänderte Belegung der Kanal-Anschlüsse zu beachten (*Abb. 122*). Da nur drei Kanäle zur Verfügung stehen, wird hier auf die in Abb. 56 vorgesehene Statusabfrage verzichtet.

Software

Zum Programmablauf für die Kennlinien-Messung: Nach der Programmierung der Schnittstelle muß der Widerstand R, die Minimal- und die Maximalspannung des aufzunehmenden Kennlinienbereichs und der Abstand der Meßpunkte eingegeben werden. Dann wird in einer Programmschleife der

```
PROGRAMM „Kennlinien-Messung"
    Lösche Bildschirm
    Gib 144 nach Steuerlogik aus              ;Programmierung des 8255
    Schreibe „Widerstand R in Ohm?" auf den BS
    Lies R von Tastatur ein
    Schreibe auf BS „Umin in Volt?"
    Lies Umin von Tastatur ein
    Schreibe auf BS „Umax in Volt?"
    Lies Umax von Tastatur ein
    Schreibe auf BS „Schrittweite in Volt?"
    Lies Schrittweite von Tastatur ein
    WIEDERHOLE BIS U1 = Umax                  ;U1 siehe Abbildung!
1)  U_Digital := Integer(U1 * 21)
    Gib U_Digital auf Kanal C aus             ;Digitalwert der Meß-
                                              ;spannung ausgeben
    Gib 0 auf Kanal B aus                     ;Ausgabe des
    Gib 1 auf Kanal B aus                     ;Umsetzbefehls
    Warte 500 ms
    Lies U2_Digital von Kanal A ein
    U2 := U2_Digital * 0.01                   ;10 mV pro Treppenstufe
    I := U2/R
2)  Umess := U1 - U2
    Schreibe auf BS „U ="
    Gib Umess aus
    Schreibe auf BS „I ="
    Gib I aus
    U := U + Schrittweite
    ENDE WIEDERHOLE
```

gewünschte Meßbereich durchlaufen, wobei jeweils nacheinander an das programmierbare Netzgerät die gewünschte Meßspannung in digitaler Form ausgegeben (der in Zeile 1 verwendete Faktor 21 ist durch den Verstärkungsfaktor des programmierbaren Netzgeräts vorgegeben!), und anschließend der an R gemessene Spannungsabfall eingelesen wird. Eine Besonderheit ist die dann folgende Berechnung der am Meßobjekt wirksamen Spannung unter Berücksichtigung des Spannungsabfalls an R (Zeile 2)).

Verbesserungen

Wenn auch die oben beschriebene Meßschaltung nur zur Kennlinienmessung bei Zweipolen (Dioden, Widerstände) vorgesehen ist, läßt sie sich doch mit geringen Änderungen bei Hard- und Software, z. B. zur Messung von Transistor-Kennlinien verwenden.

Bei entsprechender Änderung bzw. Ergänzung des Programms ist auch eine grafische Darstellung der aufgenommenen Kennlinie auf dem Bildschirm möglich.

7 Testen

Hat man eine Schaltung komplett aufgebaut und das zugehörige Computerprogramm eingegeben, kann man nur hoffen, daß die Schaltung auf Anhieb funktioniert. Leider ist das meist nicht der Fall. Gedruckte Schaltungen weisen Haarrisse auf, die schwer zu lokalisieren sind, oder es sind kalte Lötstellen vorhanden, oder, was viel schlimmer ist, es wurden Fehler beim Entwurf gemacht! Bei gefädelten Schaltungen besteht die Gefahr von Lötfehlern, wie: Verwechsln von Sockelstiften bzw. zu kurze Erhitzung der Lötstelle, so daß die Drahtisolation nicht wegdampft. (Gefädelte Schaltungen sind Schaltungen, bei denen die Sockelstifte der ICs durch dünne Drähte verbunden werden, die um die Stifte gewickelt und dann verlötet werden.)

Um nicht durch unqualifiziertes Herumprobieren Zeit zu verlieren (bei 24 Eingangs-Sockelstiften eines digitalen ICs wären 2^{24} Kombinationen möglich), sollte man systematisch testen bzw. um ganz sicher zu gehen, vor allem als Anfänger, die Schaltung in Module zerlegen, dann jedes Modul einzeln aufbauen und testen. Wenn alle Module funktionsfähig aufgebaut sind, erfolgt ihre Zusammenschaltung und der Integrationstest, der dann in den meisten Fällen problemlos verläuft und zu einer funktionsfähigen Gesamtschaltung führt.

Um das Ganze etwas konkreter zu machen, soll hier als Beispiel die Temperaturmessung betrachtet werden. Zunächst zur Modularisierung: Vor allem Anfänger sollten die Module möglichst klein wählen, z. B. ein höher integriertes IC oder zwei bis drei Standard-TTL- bzw. MOS-ICs. *Abb. 123* zeigt im Blockschaltbild die Module.

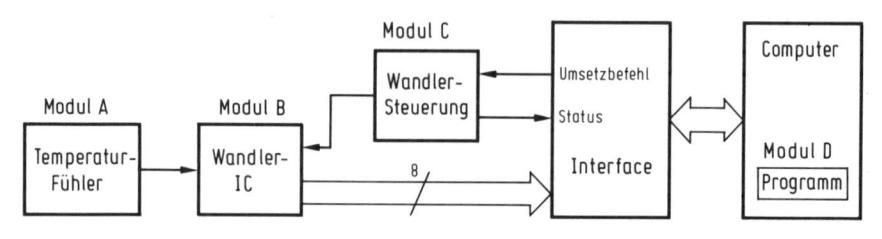

Abb. 123 Modularisierung bei der Temperaturmessung

Hier bieten sich zwei Möglichkeiten: Aufbau und Test in der Reihenfolge Modul A, – Modul B, – Modul C, – Modul D – oder umgekehrt. Wir wählen hier die erste Reihenfolge. Man nennt diese Vorgehensweise „Bottom-up-Verfahren – die andere „Top-Down-Verfahren". Bei der umgekehrten Reihenfolge würde zunächst das Computerprogramm getestet. Dazu müßten die Pegel auf den 8 Datenleitungen und der Steuerleitung simuliert werden, z. B. mit Hilfe von Kippschaltern – ein vergleichsweise hoher Aufwand.

Der hier gewählte Weg sieht so aus: Der Temperaturfühler wird aufgebaut und zusammen mit der Potentialverschiebungsspannung korrekt eingestellt – mit Hilfe eines Voltmeters (am besten Digital-Voltmeter), das an den Ausgang angeschlossen wird. Beim Aufbau des Wandlers wird zunächst der Baustein (IC) ZN 425 beschaltet und dann mit Dauertakt angesteuert. Am Analogausgang (Anschlußstift 14) muß dann auf dem Oszilloskopenschirm eine Sägezahnspannung zu sehen sein, wobei man bei höherer Bildauflösung erkennt, daß die Anstiegsflanke aus Treppenstufen (256!) besteht. Steht kein Oszilloskop zur Verfügung, muß man mit niederfrequentem Takt arbeiten und an Stift 14 ein Voltmeter anschließen. Verläuft dieser Versuch positiv, ist Modul B in Ordnung.

Nun wird die Wandlersteuerung (Modul C) aufgebaut und an den Wandler angeschlossen. Der Umsetzbefehl wird von Hand gegeben (L-Signal). Legt man dann als Meßspannung, z. B. 1 V, direkt an den „+"-Eingang des Operationsverstärkers, muß die Treppe (an Stift 14 gemessen) bei 1 V stehenbleiben – andernfalls ist der Offset-Abgleich nicht in Ordnung. Am Status-Ausgang muß dann „L"-Niveau liegen.

Als letztes Modul (Software-Modul D) wird das Programm eingegeben und werden aufgetretene Softwarefehler – vorwiegend Schreibfehler bei der Eingabe – die der Interpreter oder Compiler meldet (Syntaxfehler) behoben. Eigentlich müßte dann nach dem Anschließen des Computers an die vorher bereits getestete Meßvorrichtung (Modul A–C) die Anlage sofort arbeiten. Fehler können dann eigentlich nur noch auftreten, wenn die Schnittstelle des Computers defekt ist, was sich mit einem einfachen Testprogramm feststellen läßt, oder wenn man logische Fehler im Programm hat, die ihre Ursache in einem fehlerhaften Entwurf haben.

8 Störungen

8.1 Einführung

Zu der Zeit, als man Steuerungen ausschließlich mit Relais betrieb, gab es das Problem „Störungen" im heutigen Sinne noch nicht. Wenn man von einer Störung sprach, meinte man damit den Ausfall einer Anlage. Fremdsignale gab es zwar, aber sie riefen keine Störungen hervor, da ihre Dauer zu kurz und die mit ihnen übertragenen Leistungen zu schwach waren, um Fehlschaltungen bei Relais hervorzurufen. Mit dem Einzug der Elektronik (Transistoren und Thyristoren als Schalter und digitale Verknüpfungsglieder usw.) traten plötzlich erhebliche Störprobleme auf, weshalb viele Entwickler nur sehr zögernd den Schritt von der Elektrik zur Elektronik wagten. Gerade die Entwicklung von immer verlustleistungsärmeren und damit hochohmigeren Bauelementen einerseits und die Steigerung der Schaltgeschwindigkeiten und damit der Grenzfrequenzen andererseits führten dazu, daß bereits extrem kurze, leistungsarme Nadelimpulse zu erheblichen Störungen in digitalen Systemen führen können.

Da wird eine mit fliegender Verdrahtung aufgebaute Versuchsschaltung in eine Schaltung mit sauber gebundenen Kabelbäumen umgewandelt oder ein Dummy-Widerstand in einer Motorsteuerung durch den realen Motor ersetzt und siehe da: nichts geht mehr!

Leider hilft die fast klassische Empfehlung, Störungen durch Abblockkondensatoren zu beseitigen oder durch Verwendung abgeschirmter Leitung auch nicht weiter: unglücklicherweise zeigen sich oft die entgegengesetzten Wirkungen. Häufig werden die Störungen noch hartnäckiger, weil man unbeabsichtigterweise mit Hilfe des Kondensators und der Leitungsinduktivitäten einen Schwingkreis aufgebaut hat, der im Bereich der Störfrequenz in Resonanz gerät.

Um dem Leser unliebsame Erfahrungen zu ersparen, soll hier einiges über die Ursachen von Störungen geschrieben und die Möglichkeiten zu deren Beseitigung dargestellt werden. Da die Quelle von auftretenden Störungen meist nicht auszumachen ist und es auch kein Allheilmittel zur Abhilfe gibt, ist man auf Versuche angewiesen.

8.2 Grundprinzip der Störsignalausbreitung

Jedes Störproblem läßt sich in drei Komponenten zerlegen (*Abb. 124*):

- Störquellen bzw. -ursachen von Störungen sind:
  Motoren (Kollektorfunken), Schalter von Elektrogeräten, Relais, Transformatoren, Starkstromleitungen, Thyristor-Entladungen, HF-Sender, Blitze, Stromstöße und Spannungsspitzen auf Versorgungsleitungen.

- Für die Übertragung der Störungen kommen in Frage:
  elektrische Felder (kapazitive Kopplung)
  magnetische Felder (induktive Kopplung)
  elektromagnetische Felder (HF-Strahlung)
  Leitungen (galvanische Kopplung)

- Störsenken sind:
  Verstärker, Rundfunk- bzw. Fernseh-Empfänger, Computer, digitale Steuerungen und Regelungen usw.

Abb. 124 Grundprinzip der Störsignalausbreitung

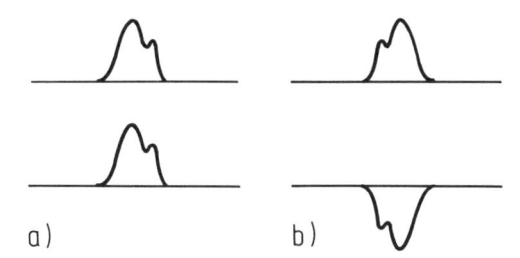

Abb. 125 a) Gleichtakt- b) Gegentakt-Störsignal

8.3 Störsignalarten und Störungsursachen

Man unterscheidet zwei Arten von Störsignalen: Gleichtaktsignale und Gegentaktsignale *Abb. 125*. Gleichtaktsignale entstehen, wenn z. B. eine die Störung verursachende Leitung parallel zu zwei Eingangssignalleitungen verläuft und die Störung durch kapazitive Kopplung mit Hilfe der wechselsei-

8 Störungen

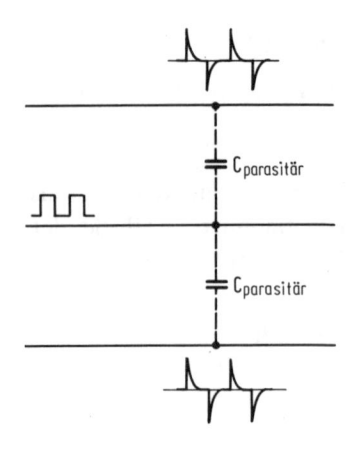

Abb. 126 Entstehen von Gleichtaktstörungen

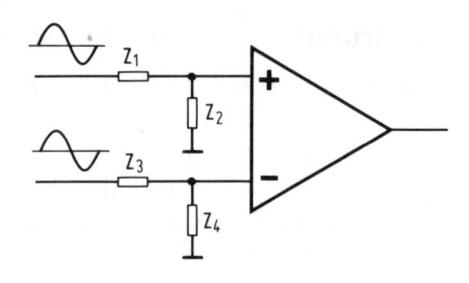

Abb. 127 Umwandlung von Gleichtakt- in Gegentakt-Störungen durch unterschiedliche Eingangswiderstände (hier speziell, wenn $Z1:Z2 \neq Z3:Z4$)

tigen parasitären Leitungskapazitäten entsteht (*Abb. 126*). Gleichtaktstörungen sind die am häufigsten auftretenden Störungen. Die Frequenz der auftretenden Störsignale liegt im Bereich von 1 bis 20 MHz. Gefährlich werden sie vor allem deswegen, weil sie meist durch Asymmetrien in den Schaltungen in Gegentaktstörungen umgewandelt werden (*Abb. 127*). Gegentaktstörungen treten meist im Frequenzbereich von 0,1 bis 2 MHz auf, sie sind also niederfrequenter.

Störsignale entstehen:
- Auf Netzleitungen infolge von schnellen Ein- und Ausschaltvorgängen – besonders bei großen Lasten (*Abb. 128a*). An der Quelle können beim Ausschalten induktiver Lasten Spannungsspitzen im kV-Bereich entstehen – mit Frequenzen von 0,1 bis 3 MHz.
- Durch Funkenbildung bei Motor-Kollektoren (*Abb. 128b*) – ein sehr breitbandiges Störsignal.
- Durch Ein- und Ausschwingvorgänge bei pulsförmig geschalteten induktiven Lasten. Wegen der kurzen Schaltzeiten moderner Halbleiterbauelemente können beim Ausschalten Spannungsspitzen im kV-Bereich entstehen (*Abb. 129*).
- Durch pulsförmige Ströme in Gleichspannungszuleitungen und Netzteilen. Betrachtet man eine Leiterbahn auf einer Platine, so kann man mit einer Induktivität von 100 nH pro 10 cm Länge rechnen. Mit Hilfe des Induktionsgesetzes:

8.3 Störsignalarten

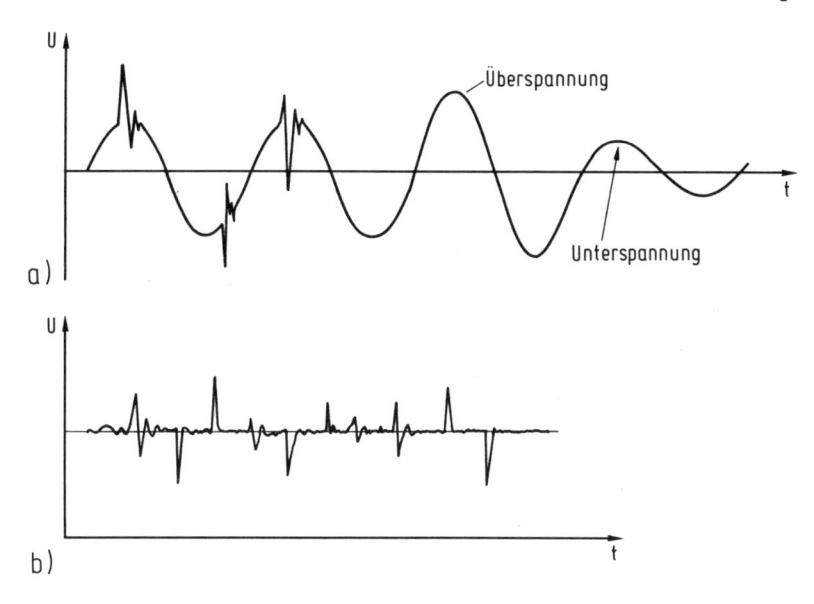

a)

b)

Abb. 128 Störsignale auf a) Netzleitungen, b) Gleichstromversorgungsleitungen

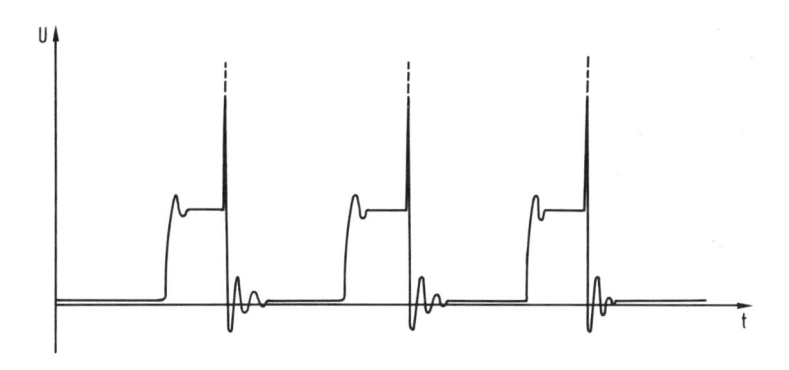

Abb. 129 Störsignale bei pulsförmig geschalteten induktiven Lasten

$$U = L \cdot \frac{\Delta I}{\Delta t}$$

ergibt sich bei einer Stromänderung von 100 mA und einer Schaltzeit von 10 ns eine der Versorgungsspannung überlagerte Spannungsspitze von 2 V (bei Annahme einer Hin- und einer Rückleitung). Bei einem Leistungsbauelement mit 1 A Strom ergäbe sich ein Spannungseinbruch von ca. 20 V.

Betrachtet man nun noch die Verbindungsleitung zwischen Netzgerät und Schaltung, wobei bei einem verdrillten Litzenkabel von 1 mm Drahtdurchmesser mit ca. 600 nH pro m Doppeldrahtleitung gerechnet werden kann, so ergibt sich bei 50 cm Zuleitung mit den oben angenommenen Werten eine induzierte Spannung von 6 V, die je nachdem, ob es sich um einen Ein- oder Ausschaltvorgang handelt, negatives oder positives Vorzeichen hat. Wird hier nicht für Abhilfe gesorgt, kann es bei Verwendung von Bauelementen mit hohen Einschaltströmen, wie Motoren bzw. Anzeigelampen, zu Datenverlust z. B. bei Flipflop-Registern kommen.
- Durch elektrostatische Entladungen.

Durch Bewegen auf Kunststoffböden treten beim menschlichen Körper Spannungsaufladungen bis 20 kV auf. Bei Berühren der Computertastatur bzw. eines Gehäuses tritt eine schlagartige Entladung in Form eines Funkens auf, die mit Anstiegsgeschwindigkeiten bis 4 A/ns verbunden sind. Jeder kann sich leicht ausrechnen, welche Spannungsspitzen bei den üblichen Verbindungskabeln zwischen Tastatur und Computer auftreten!
- Durch unterschiedliche Massepotentiale (Erdschleifen).

Werden zwei miteinander galvanisch gekoppelte Schaltungsteile zusätzlich separat geerdet, und besteht zwischen den beiden Massepunkten eine Potentialdifferenz, so kommt es zu einem Strom in der entstandenen Erdschleife (*Abb. 163*), der zu Brummen oder Übersprechen führen kann. Der gleiche Effekt tritt auch auf, wenn aufgrund eines magnetischen Störfeldes eine Spannung in der Abschirmung induziert wird.

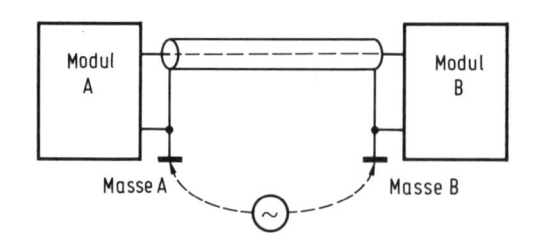

Abb. 130 Bildung von Erdschleifen durch doppelte Erdung von zwei Schaltungsteilen

8.4 Beseitigung von Störungen

Will man Störungen beseitigen, muß man die oben beschriebene Störsignalausbreitung (*Abb. 124*) beachten. Man kann Störungen an der Quelle beseitigen, ihre Ausbreitung verhindern, oder die störgefährdete Schaltung vor dem Eindringen von Störungen schützen.

8.4 Beseitigung von Störungen

Entstörung der Quelle

Leider ist diese wünschenswerteste Entstörung am schwierigsten durchzuführen, da man die Störquelle meist nicht genau lokalisieren kann bzw. bei Störübertragungen über das Netz keinen Zugriff auf den Störer hat.

Die eleganteste Art ist die Umhüllung des Störers mit einem Metallgehäuse. Um optimale Wirkung zu erzielen, muß es allseits dicht sein (Faradaykäfig). Gleichspannungszuführungen sollen mit Hilfe von Durchführungskondensatoren erfolgen.

Bei Motoren empfiehlt sich eine Abblockung bzw. Filterung möglichst nahe an den Kollektoranschlüssen. *Abb. 131* zeigt verschiedene Möglichkeiten. Die einfachste Lösung (a) besteht in einem Abblock-Kondensator (Wert ausprobieren!). Vorschlag (b) eignet sich besonders zur Unterdrückung von Gleichtaktstörungen, die nach Masse hin abgeleitet werden. Schaltung (c) besteht aus einem Doppel-π-Filter, das sowohl Gleichtakt- als auch Gegentaktstörungen unterdrückt. Die Werte der Kondensatoren müssen durch Versuch ermittelt werden. In Verbindung mit der Wicklungsinduktivität und der Induktivität der Zuleitungen entsteht ein Schwingkreis, dessen Resonanzfrequenz außerhalb des Frequenzbereichs liegen soll, in dem die angeschlossenen Elektronikschaltungen arbeiten.

Bei Ansteuerung von induktivitätsbehafteten Bauelementen (Magnete, Motoren usw.) verwende man stets Freilaufdioden, um die Ausschalt-Spannungsspitzen zu begrenzen (*Abb. 132*) und bei Relais eine RC-Kombination parallel zu den Schaltkontakten (*Abb. 133*). Wenn eben möglich und vom Aufwand her vertretbar, sollte man induktive Lasten im Nulldurchgang schalten.

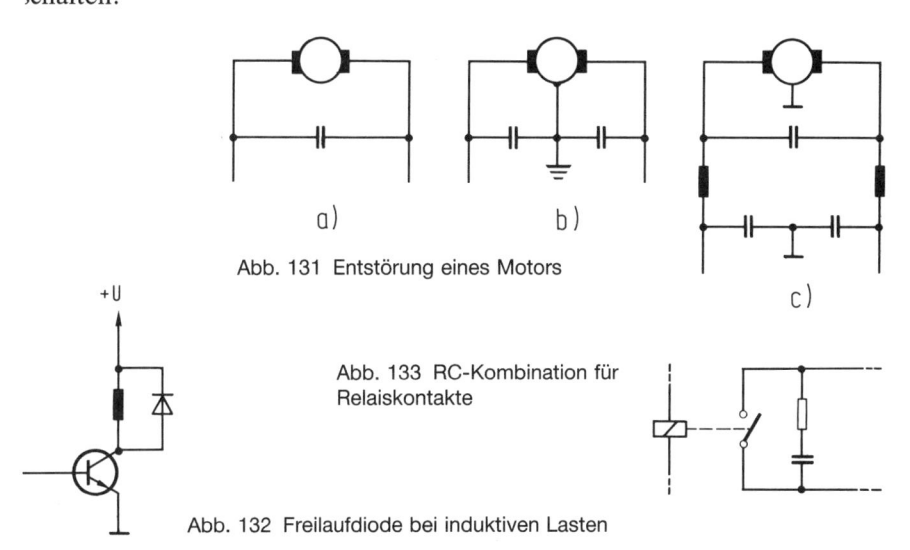

Abb. 131 Entstörung eines Motors

Abb. 133 RC-Kombination für Relaiskontakte

Abb. 132 Freilaufdiode bei induktiven Lasten

8 Störungen

Beeinflussung des Übertragungskanals

Bei dem Übertragungskanal, also dem Weg, auf dem die Störungen vom Sender zum Empfänger gelangen, gibt es, wie bereits oben angedeutet, vier verschiedene Alternativen. Entsprechend bieten sich Entstörungsmöglichkeiten an:

Die kapazitive Kopplung ist die am häufigsten vorkommende Art der Störübertragung. Das Universalmittel gegen elektrische Felder ist die Abschirmung, die jedoch nur einseitig geerdet werden darf, da sich sonst Erdschleifen bilden können (*Abb. 134*). Eine Ausnahme bilden HF-Übertragungsleitungen. Bei ihnen kann der Außenleiter an beiden Enden mit Masse verbunden werden. Hier ist der „Umweg" über das Chassis bzw. Masseleitungssystem wegen der höheren Impedanz für die HF uninteressant. Bei mehreren Signalquellen ist jede Leitung separat abzuschirmen und separat an der jeweiligen Signalquelle zu erden.

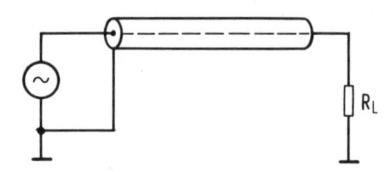

Abb. 134 Abschirmung gegen elektrische Felder

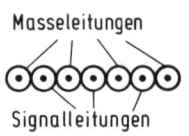

Abb. 135 Abschirmungsersatz bei Flachkabeln

Kabelbäume sind zu vermeiden, es sei denn, man verlegt „heiße" und „kalte" Leitungen in separaten Kabelbäumen. Besser sind Flachkabel, bei denen man jeden zweiten Draht an Masse legt (*Abb. 135*) – oder zumindest die unmittelbare Umgebung von „heißen" Leitungen. Bei längerer Leitungsführung führt das jedoch zu einer erheblichen kapazitiven Belastung und damit zu Abflachungen der Impulsflanken bei digitalen Signalen. Schlimmstenfalls muß man bei langen Leitungen die Signale mit Schmitt-Triggern wieder aufbereiten. Grundsätzlich sollte man auch nichtbenutzte Leitungen an Masse legen.

Bei gedruckten Schaltungen sollte man zwischen signalführenden Leitungen Masseleitungen anbringen. Das reduziert die schädlichen parasitären Kapazitäten auf ein Fünftel. Auch sollte man bei der nicht benötigten Platinenfläche möglichst viel Kupferfläche stehen lassen und mit Masse verbinden.

Zwischen der Primär- und der Sekundärseite von Transformatoren befindet sich eine parasitäre Kapazität, die dazu führt, daß Störungen – vor allem

8.4 Beseitigung von Störungen

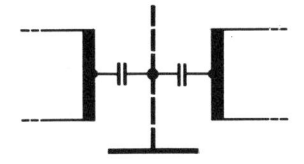

Abb. 136 Aufhebung der parasitären Koppelkapazitäten bei Transformatoren

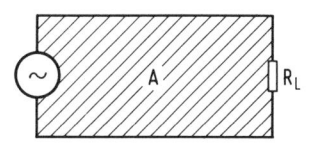

Abb. 137 Die Leiterkreisfläche bestimmt die induzierte Störspannung

Gleichtaktstörungen – vom Netz in das Netzteil und damit in die übrige Schaltung eingekoppelt werden. Dies läßt sich durch Verwendung von Trafos mit Abschirmfolie zwischen Primär- und Sekundärseite verhindern, wenn diese Folie an Masse gelegt wird (*Abb. 136*).

Bei der Abschirmung gegen magnetische Störfelder gibt es zunächst einige allgemeine Empfehlungen:

- Empfänger soweit weg von der Quelle der magnetischen Feldlinien, wie möglich.
- Leitungsverlauf nicht parallel, sondern senkrecht zum magnetischen Feld.
- Erdschleifen vermeiden, da wegen der Niederohmigkeit des Massesystems starke Ströme auftreten.
- Induktionsflächen minimal machen. Bei der Induktion einer Spannung spielt die Fläche der Leiterschleife eine entscheidende Rolle (*Abb. 137*). Signalleitung und zugehörige Masseleitung müssen also so dicht wie möglich nebeneinanderher geführt werden.

Bei Frequenzen bis 1 MHz sind verdrillte Leitungen ideal, da sich – vorausgesetzt, die Ströme in beiden Leitern sind gleich groß – die Feldlinien von einer Windung zur nächsten nach außen hin aufheben. Umgekehrt heben sich bei einem solchen Leitungspaar auch von außen aufgenommene Störungen von Windung zu Windung auf. Bei mehreren Leitungen (z. B. V-24-Kabel) sollte jede Leitung mit ihrer eigenen Masseleitung verdrillt werden. Dieses Verdrillen bringt bei Gleichtaktstörungen bis 40 dB Störsignal-Dämpfung; für Gegentakt-Störungen ist es wenig geeignet! Eine weitere Dämpfung läßt sich durch zusätzliches Abschirmen des verdrillten Kabels erreichen.

Bei höherer Frequenz (bis 1 GHz) ist Koaxkabel ideal. Bei der Schaltung nach (*Abb. 138*) liegt nur scheinbar ein Widerspruch zu der früher erhobenen Forderung vor, daß die Abschirmung nur einseitig geerdet werden darf und keinen Strom führen soll. Der Außenmantel dient hier nicht als Abschir-

8 Störungen

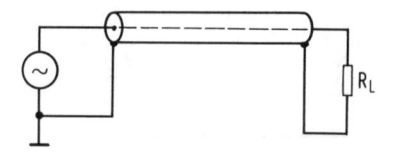

Abb. 138 Verwendung von Koaxkabeln gegen magnetische Störfelder

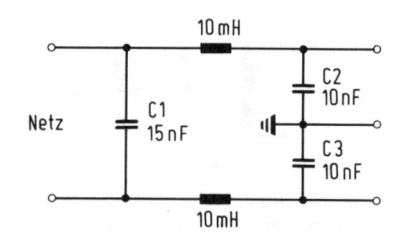

Abb. 139 Doppel-π-Filter

mung, sondern das vom Innenleiter erzeugte Feld wird vom Außenleiter neutralisiert, so daß diese Kombination praktisch keine Störungen erzeugt. Umgekehrt nimmt diese Konstruktion auch nur ein Minimum an Störungen von außen auf, da die Induktionsfläche (vergleiche Abb. 137) minimal ist.

Eine separate Behandlung der Hilfsmittel gegen elektromagnetische Strahlung kann entfallen, da die Hilfsmittel gegen elektrische und magnetische Felder auch für die Störungsbehebung bei elektromagnetischer Strahlung in Frage kommen.

Bei Störungen, die durch galvanische Kopplung, also über Zuleitungen übertragen werden, treten drei Problemkreise auf: die Beseitigung von Spannungsspitzen auf der Netzleitung die Beseitigung von Störsignalen, die durch impulsförmige Belastung der Spannungsquelle (Netzgerät) entstehen und Erdungsprobleme.

Spannungsspitzen auf der Netzleitung lassen sich am besten durch Filter beheben. Am wirkungsvollsten sind Doppel-π-Filter (*Abb. 139*), die man auch gekapselt erhält und am besten direkt an der Zuführungsstelle des Netzkabels (Gehäuserückwand) montiert. Die Kondensatoren bilden in Verbindung mit den Drosseln ein Tiefpaßfilter. Die Kondensatoren C1 und die Reihenschaltung von C2 und C3 bilden einen Kurzschluß für die Gegentaktstörungen. Die Gleichtaktstörungen werden von C2 und C3 nach Masse abgeleitet. Für diese ist C1 wirkungslos.

Störsignale, die auf den Spannungsversorgungsleitungen auftreten und durch Schaltvorgänge, vor allem von digitalen Leistungsstufen hervorgerufen werden, lassen sich durch Keramik- oder Tantalkondensatoren beheben. Wickelkondensatoren scheiden aus, da sie eine Reihenschaltung von Wickelinduktivität und Kapazität darstellen, wobei bei impulsartigen Belastungen – also hohen Frequenzen – der induktive Widerstand überwiegt. Verwendung finden Kondensatoren von 20 nF bis 1 μF, die den Elkos des Netzgeräts parallelgeschaltet werden. Außerdem sollen auf den Platinen jeweils nach

8.4 Beseitigung von Störungen

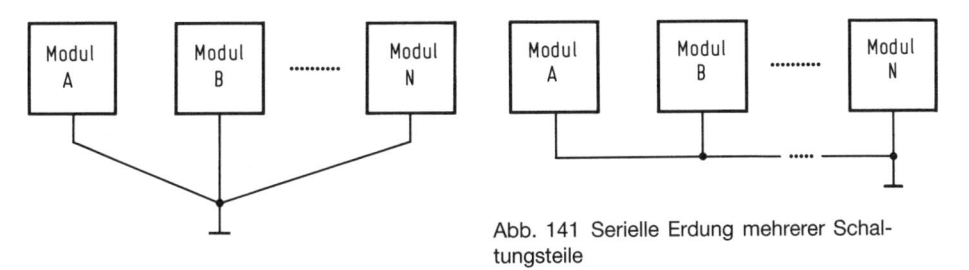

Abb. 140 Sternförmige Erdung mehrerer Schaltungsteile

Abb. 141 Serielle Erdung mehrerer Schaltungsteile

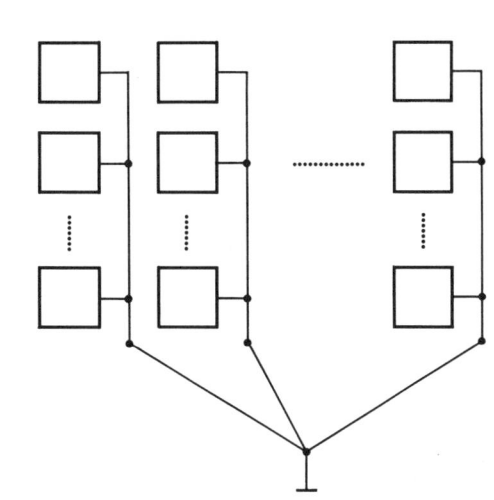

Abb. 142 Kombinierte Erdung mehrerer Schaltungskomponenten

maximal drei ICs Entkoppelkondensatoren von etwa 0,1 µF direkt an der IC-Spannungsversorgung angebracht werden, um den Einfluß der Leiterbahn-Induktivität zu kompensieren. Ist keine Entstörung gegen Stromstöße möglich, müssen – als äußerstes Mittel – separate Stabilisier-ICs auf den einzelnen Platinen verwendet werden.

Die ideale Erdung ist die sternförmige Erdung (*Abb. 140*). Die serielle Erdung (*Abb. 141*) ist weniger geeignet, da sich die einzelnen Ströme und die Störungen der einzelnen Baugruppen überlagern. Wenn sie sich nicht umgehen läßt, sollte zumindest darauf geachtet werden, daß die gemeinsame Erdung am leistungsstärksten Bauelement (Leistungsverstärker) erfolgt. In der Praxis findet man häufig eine kombinierte Erdung (*Abb. 142*): serielle Erdung auf den Platinen und dann sternförmige Zusammenführung der einzelnen Baugruppen an einem Massepunkt. Bei langen Signal-Übertragungsleitungen läßt sich das galvanische Problem wegen unterschiedlicher

8 Störungen

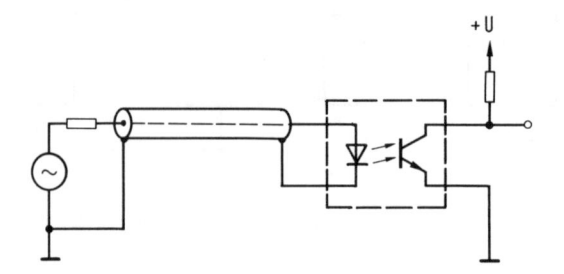

Abb. 143 Potentialtrennung mit Optokoppler

Massepotentiale und Störeinstrahlungen unter Umständen nicht in den Griff bekommen. Hier hilft nur eine galvanische Entkopplung (Potentialtrennung) mit Hilfe von Optokopplern (*Abb. 143*), früher wurden dafür auch Trenntrafos und Relais verwendet.

Optokoppler, oder optoelektronisches Koppelelement, wie die vollständige Bezeichnung lautet, bestehen aus einem lichtdichten Gehäuse, in dem sich eine Leuchtdiode als Sender und ein Fototransistor bzw. eine Fotodiode als Empfänger befinden. Die Informationsübertragung zwischen Sender und Empfänger geschieht durch elektromagnetische Strahlung im infraroten und optischen Spektralbereich, und die elektrischen Signale werden mit Hilfe der Leuchtdiode in optische Signale (Strahlung) und mit dem Fototransistor bzw. der -diode wieder in elektrische Signale zurückverwandelt. Auf diese Art erhält man eine völlige Trennung der Gleichspannungspotentiale und vermeidet die gefährlichen Potentialausgleichsströme bzw. Brummschleifen. Der Strom durch die Leuchtdiode wird durch einen Vorwiderstand auf ungefähr 10 mA eingestellt.

Zum Schutz gegen negative Spannungsspitzen werden den Leuchtdioden häufig schnelle Schaltdioden antiparallel geschaltet. Bei Optokopplern, bei denen die Basis des Fototransistors nach außen geführt ist, kann man durch Beschalten der Basis die Grenzfrequenz wesentlich steigern.

Wegen der sehr geringen Koppelkapazität zwischen der Leuchtdiode und dem Fototransistor ist die Gleichtaktunterdrückung der Optokoppler extrem hoch. Die Unterdrückung von Gegentaktstörungen wird im wesentlichen durch die Trägheit des Empfängerelements bestimmt. Liegt die Grenzfrequenz des Optokopplers im MHz-Bereich, so werden Nanosekunden-Störimpulse im 50- bis 100-MHz-Bereich weitgehend unterdrückt. Der für die Optokoppler benötigte Strom liegt bei ca. 10 bis 20 mA bei einer Spannung von ca. 1,3 V an der Leuchtdiode. Damit ergibt sich eine einfache Anschlußmöglichkeit an TTL-Schaltungen.

Empfänger

Bei Empfängern läßt sich relativ wenig gegen Störungen tun. Man kann mit Hilfe geschlossener Gehäuse abschirmen. Gegen elektrische Felder genügt gut leitfähiges Material, bei magnetischen Feldern hilft nur Material mit hoher Permeabilität, das magnetische Felder gut absorbiert (Stahl oder Mu-Metall). Bei den Eingangs-Signalleitungen können durch Tiefpaßfilter dem Nutzsignal überlagerte, hochfrequente Störsignale herausgefiltert werden. Bei Digitalschaltungen werden die Impulsflanken dabei so stark abgeflacht, daß man sie wieder durch Schmitt-Trigger aufbereiten muß (*Abb. 144*). Störempfindliche Bauelemente, wie Monoflops, sollten vermieden werden. Eine andere Möglichkeit besteht darin, spezielle, langsame aber störsichere Logik zu verwenden.

Abb. 144 Tiefpaßfilter mit anschließender Signalaufbereitung

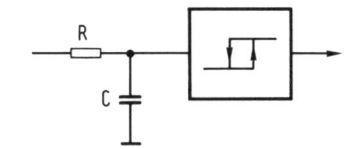

Literatur

(1) Link, W.: Assembler-Programmierung. Franzis, München, 1988
(2) Klein, R. D.: Drei integrierte IEC-Bus-Controller im Vergleich. Elektronik 1982, H. 12, S. 64
(3) Rüttger, M.: Programmierbarer RC-Oszillator. Elektronik 1981, H. 6, S. 127–129.

Sachverzeichnis

A
A/D-Wandler 12
Amplitudenmessung 94
Automatisiertes Messen 173

B
Baudraten 66
Beleuchtungsstärkemessung 103
Bitmanipulation 32
Bitmaskierung 31

C
Call by Reference 39
– Value 39
Centronics-Schnittstelle 68
– Signalflußplan 71
– Steckerbelegung 69
Controller 56

D
D-Regler 154
D/A-Wandler 19
Data Communication Equipment 60
– Terminal Equipment 60
Datenendeinrichtung 60
– übertragung bei V.24 66
– übertragungseinrichtung 60
DCE 60
DDC 156
Differentialregler 154
Digitale Regelung 156
Direct Digital Control 156
Drehzahlmessung 110
– regelung 163
Dreipunktregler 153
Drift-Kompensation 108
DTE 60

E
Echtzeit-Betrieb 19
Einbinden von Assembler-Programmen 38
Erdschleifen 182
Ersatz von Hard- durch Software 23

F
Fehlende Codes 13
Freilaufdiode 183
Frequenzmessung 119
Führungsgröße 152

G
Gegentakt-Störungen 179
Gleichstrommotor-Steuerung 129
Gleichtakt-Störungen 179

H
Handshake-Verfahren 57, 71
Helligkeitsregelung 169

I
I-Regler 154
IEC-625 Bus 53
– -625 Steckerbelegung 53
IEEE-488 Bus 53
– -488 Steckerbelegung 53
Integralregler 154
Integrierende Umsetzer 14
Intel 8255 74
Interface 52

K
Kanal 74
Kapazitäten, parasitäre– 180

Konstantstromquelle,
programmierbare– 139
Kraftmessung 106

L
Linearisierung von Kennlinien 20
Listener 55

M
Magnetfeldmessung 96
Maske 31
Messen mit PC 82
Modem 60

N
Nachstellzeit 155
Netzfilter 186
Netzgerät, programmierbares– 136
Nichtlinearität 13
Nullmodem 67

O
Offset-Korrektur 26
Optokoppler 188

P
P-Regler 154
Parallelumsetzer 16
Periodendauer–Messung 118
PID-Regler 155
Potentialtrennung 188
Programmierbare
Konstantstromquelle 139
Programmierbarer
Rechteckgenerator 148
– Sinusgenerator 145
Programmierbares Netzgerät 136
Programmierung des 8255 79
Proportionalregler 154
Pseudo-Code 33
Puls–Pause–Verhältnis–Steuerung 141
Pulsdauer–Messung 115

Q
Quantisierungsfehler 13

R
Rechteckgenerator,
programmierbarer– 148
Regelabweichung 152
– einrichtung, stetige– 153
– einrichtung, unstetige– 153
– größe 152
Regeln mit PC 152
Regelstrecken, Verhalten von– 160
RS-232-C-Schnittstelle 60

S
Sample-and-Hold 17
Schnittstelle 52
Schrittmotor–Steuerung 131
Sensoren 9
Sinusgenerator, programmierbarer– 145
Spannungsmessung 88
Spezial-Interface 72
Statuswort 30
Stellgröße 153
Steuern mit PC 126
Strommessung 91
Störgröße 153
Störsignalarten und -ursachen 179
Störungen 178
Störungsbeseitigung 182
Störverhalten eines Reglers 158
Steuerwort 32
– des 8255 80
Sukzessive Approximation 15

T
Talker 55
Temperatur-Regelung 161
– messung 99
Testen 176
Timer, Software– 28
Treppenstufenumsetzer 15

Sachverzeichnis

U
U/f-Wandler 18
U/I-Kennlinienmessung 173
Umcodierer, Software– 27

V
V.24 – Handshake 65
– Datenformatierung 66
– Schnittstelle 60
– Steckerbelegung 62
Vorhaltzeit 156

W
Wandler 12
Wandlungszeit 13

Z
ZN 425 82, 127
ZN 427E 85
Zweipunktregler 153